知りたい!サイエンス

動物たちは何を考えている?

動物心理学の挑戦

日本動物心理学会=監修
藤田和生=編著

動物たちの心の中を覗いてみたいと思ったことはありませんか?
そんな**夢**に挑戦するのが「**動物心理学**」。
100年余りの研究で、そんな**心の働き**が明らかになってきました。
動物たちの心の世界、それは一体どんなものだろう?

技術評論社

はじめに

動物好きのあなたへ

動物たちの心のなかを覗いてみたいと思ったことはありませんか？　景色はどう見えるんだろう？　私たちのおしゃべりは、どんな風に聞こえているんだろう？　恋はするんだろうか？　やきもちを焼くことはあるんだろうか？

一度でいいから、鳥になって大空を翔けてみたい。イルカになって、大海原を思い切り泳ぎ回ってみたい。そんな夢を抱いたことのある方も、きっといらっしゃることでしょう。そうすればきっと彼らの気持ちがわかるはずです。

かなわぬ夢……。その通りです。私たちは人間ですからね……。

でも、ちょっと待ってください。私たちは人間です。簡単にあきらめては「万物の霊長」を自負する私たちの名折れではないでしょうか。

19世紀にダーウィンが『種の起源』を出版して以来、動物への興味は高まり、20世紀初頭になって、この素朴な問いは、動物心理学（あるいは比較心理学）と呼ばれる学問を生みました。文字通り、これは動物の心の働きを調べる学問領域です。

初期には研究の興味は動物の学習に焦点が当てられていました。動物が何かを学ぶということそれ自体が、驚きだったのですね。

それ以来、1世紀あまりを経過して、現在の動物心理学は、動物のあらゆる心の働きを対象にしています。さまざまな革新的方法が開発され、ものの見えかたはもとより、思考や文化、あざむきや協力、複雑な感情、さらには自己を見つめる内省的な心の働きまでが、研究の対象になり、種々の動物たちの心の働きが少しずつ明らかになってきました。ようやく文頭の疑問に、実証的に答えることができるようになってきたのです。

本書では、それらをわかりやすく紹介していきます。

第1章では、動物心理学はどういう学問なのかを整理します。第2章では、言葉を用いないで動物の心の働きを明らかにする種々の方法を紹介します。そして第3章から第7章で、環境の認識から自己に関する認識までを、トピックの形で述べていきます。

どこから読んでいただいても構いません。1項目読み終わるごとに読者のみなさんは、きっと動物たちの心の奥深さに感動することになるでしょう。それは同時に、私たちヒトという存在を考え直すきっかけにもなるだろうと思います。

ではどうぞ、動物たちの心の世界への素晴らしい旅をお楽しみください。

著者を代表して
京都大学文学研究科
藤田和生

第5章 動物だっていろいろ考える

第6章 動物は仲間を気にかける？

第7章 動物は自分のことをどれくらい知っている？ 247

第1章 動物の心に迫る

動物心理学とは、どのような学問か？

●京都大学文学研究科　藤田和生

私たちのまわりには、いろんな動物がいます。おなじみのイヌやネコ、ニホンザル、カラスなどから、子どもたちに大人気の昆虫たちまで、あげればキリがありません。これでも数千万種といわれる動物たちのなかのほんの一部分でしかありません。

生物が地球に誕生して以来、およそ38億年という気の遠くなるような時間をかけて、体のつくりは少しずつ複雑化し、いろいろな環境に適応し、生命に満ちた私たちの星ができあがっていきました。隕石の衝突や氷河期などの試練を経て生命は進化し、そして私たちヒトが生まれたのです。

●動物に「心」はあるか？

私たちヒトには、「心」が備わっています。「心」は進化史のなかで、ヒトだけに突然現れたのでしょうか。そうは思えません。ヒト以外の動物（このあと本書では、単に「動物」と記述します）にも「心」があることを、私たちは日頃の動物との触れ合いから強く感じます。イヌやネコには意思があります。動物病院の前で、頑として動こうとしないイヌ（図１－１）。絶対に「いや」だという主張です。彼らには知性もあります。飼い主のちょっとしたしぐさから散歩の気配を察知したり、飼い主に隠れてスリッパかじりを楽しんだりします（図1‐2）。盲導犬は、ふだんは主人の命令に従順ですが、危険を察知したときなど、自分で判断して、命令にあえてしたがわないこともできます。感情だって、飼い主と楽しく遊んでいるときのイヌの反応と叱られたときの反応は、表情も姿勢も、しっぽのふりかたも、まるで違います。「心」の構成要素とされる「知」「情」「意」のすべてがイヌやネコには備わっているように思われます。

「心」は、「体」と同じように、数十億年をかけて、進化してきたものに違いありません。

では、「心」と「体」はどういう関係にあるのでしょうか。ちょっと変な想像をしてみます。もし私たちに3つ目の目があって、頭の後ろについていたらどうでしょう。たぶん周囲に

図1-1
あそこは嫌だっていってるのに……

図1-2
誰も見てないもんね(^.^)

対する注意の向けかたは変わるでしょうね。歩いていて、後ろからものすごい勢いで走ってくる自転車にはねられそうになる恐ろしい体験は、しないですみそうです。もし私たちにタコのように手が8本あったらどうでしょう。8本の手をどうやってタイミングをとって動かせばいいのか、私たちには想像できません。腕がからんでしまいそうですね（図1-3）。

●生きかたの違いが心におよぼすもの

私たちは体を通して環境に働きかけ、体を通して環境から情報を手に入れます。体が変われば環境との関わりかたは変わります。それに応じて、心のなかの情報の処理のしかたも変わってきます。こうした関係を難しい言葉で、エンボディド・コグニション（身体化された認知）と呼びます。

動物たちの体のつくりはさまざまです。ヒトに最も近いチンパンジーでも、多くの面でヒトとは異なります。手を例にとると、チンパンジーは親指の長さが短く、親指と人差し指でものをつまむ「ピンチ把握」というのが苦手です（図1-4）。そのため、とても不器用にみえます。イヌやネコには「手」というものがありません。私たちは環境を調べる

図1-3
ええっと、これがこっちで、あれはあっちで……？　あれ？

とき、目で見て、手でつまんで確認しますが、手のない彼らは、目で見て、鼻先でにおいを嗅いで確認します。イヌやネコはまだしも、鳥は前足が翼になっていて環境探索にはまったく使えないし、魚になれば、文字通り手も足もでませんね。体と心が密接に関係しているのだとすると、動物によって心のありようは著しく異なってくると考えられます。

さらに、動物の生きかたは同じではありません。地上を歩く動物、樹上を跳ね回る動物、悠然と空中を舞う動物では、それぞれどのような情報をどのような速さで処理すればよいかが異なるでしょうし、水中を泳ぐ動物や土のなかにいる動物ではもっと違うでしょう。こうした行動様式の違いは、環境から手に入れるべき情報の違いに反映されるはずです。土のなかで生活していれば、土の硬さや岩のありかは重要な情報でしょうが、風の向きや強さはどうでもよい情報です。それに対し、空を飛ぶ動物にとっては風のようすはきわめて重要な情報ですが、土の硬さはほとんど意味がありません。このようなことも心の働きを大きく変える要因です。

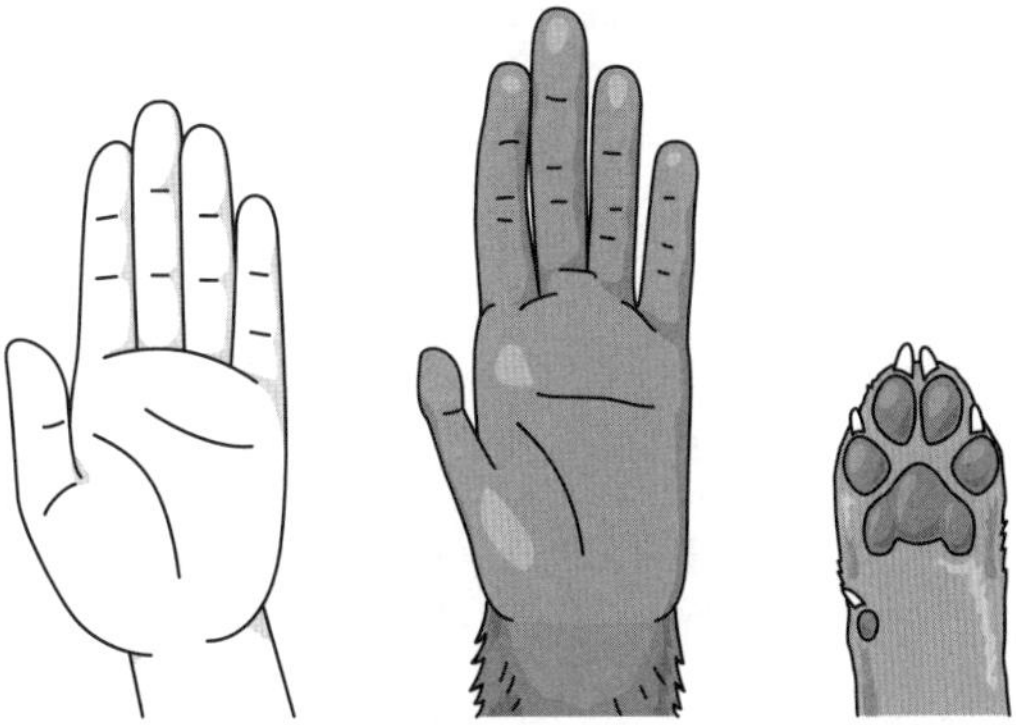

図1-4
（左から）ヒトの手、チンパンジーの手（前足）、イヌの手（前足）。
ヒトの手はものをつまめるが、チンパンジーやイヌにはできない

●社会のなかで暮らすということ

また、多くの動物たちは、仲間と一緒に生活しています。ふだんはひとりで生活していても、繁殖のときには仲間とのやり取りが必要です。そうした場合、動物は仲間がいま何をしようとしているかを見抜かなければなりません。相手が単純な信号刺激に反応しているだけなら、その行動は比較的容易に読めるでしょうが、行動が複雑になれば、他者のふるまいの予測は難しくなります。同じように行動していても、その意図や望むところは違っているかもしれません。ここに、他者の心の状態を読み取る必要が生じます。

社会が複雑になれば、その必要性はますます大きくなります。実際、私たちヒトは、いつも他者が何を知っていて、何を望み、何を考えているかを推理しながら行動していいます。面倒だけれどできないと、「空気が読めない」などと非難されてしまいますね。でも複雑な社会をつくって生活しているのはヒトだけではありません。サルの仲間、イルカやクジラ、オオカミやゾウなどもそうです。彼らにも、他者の心の読み取りは必要だし、それが上手にできれば、よりうまく生きていくことができるでしょう。

これらを考え合わせると、ヒト以外の動物たちにも「心」はあり、その働きはさまざまに異なったものになっているだろうと想像できます。動物心理学は、動物たちの多様な心の働きを研究し、その似た点や異なる点を知ることを通して、心の働きを決める要因と、心がどう進化してきたのかを明らかにし、また同時にそれらを実現している神経系や内分泌系の働きを明らかにしようとする学問です。本書では、このうちのおもに前者にかかわる内容を紹介しています。

●動物心理学のあつかう「心」

心の働きにはいろいろなものがあります。環境から情報を取り入れて、明るさや色などの基本的性質を感知する「感覚」、感覚されたものに基づいて環境内の事物を知る「知覚」、知覚された内容を、過去の経験や、ほかの情報と照らし合わせてより深く処理し、それが何かを決定したり、同じか異なるかなどを判断したりする「認知」が区別されます。これらは情報の処理の深さによる分けかたです。

また、経験に基づいて行動を変えていく「学習」、行動の直接的な手がかりがないときに、間接的な手がかりからそれを推測する「推理」、問題を解決するときに心のなかで生じている情報の処理過程を指す「思考」、過去の経験を蓄えて、あとで取り出して利用する「記憶」などもそうです。また、特に他者に対して発揮されるさまざまな認識や戦術、心の読み取りなどを指す「社会的知性」もそうです。あるいは「意識」や「内省」などと呼ばれる、自身の心のなかを覗く働きもそうです。これらは知的な側面ですが、さまざまな感情ももちろん、心の働きの1つです。喜びや悲しみ、怒りなどの基本感情のほか、私たちにヒトには嫉妬、愛、友情などのより複雑な感情があります。現代の動物心理学は、これらのすべてを研究対象としています。

●動物心理学のあゆみ

ここで少し動物心理学の歴史をふり返っておきましょう。

動物心理学の歴史は19世紀の終わりに遡ります。1859年に出版されたダーウィンの『種の起源』の影響で、ヒトと動物の連続性が認識され始め、ヨーロッパとアメリカで、「比較心理学」と呼ばれる学問が生まれました。

初期の研究で最も重要なのは、アメリカの心理学者ソーンダイクによる動物の問題解決に関する実験です。彼は、扉にかけがねなどが取りつけられた「問題箱」と呼ばれる装置にネコなどを閉じ込めました（図1-5）。最初、動物はやみくもにいろいろな場所をいじくっていましたが、そのうち偶然かけがねがはずれ、脱出することに成功しました。これを繰り返すと、動物はしだいに早く脱出するようになり、最後には閉じ込めるとすぐに扉を開けるようになりました。試行錯誤による問題解決です。ソーンダイクはこのことから、よい結果をもたらした行動は強められ、悪い結果をもたらした行動は弱められるという、「効果の法則」と呼ばれる学習の原理を提唱しました。

これに対し、チンパンジーの問題解決を研究したのがドイツのケーラーという研究者です。彼は『類人猿の知恵試験』という名著のなかで、違うタイプの問題解決について書いています。飼育室の天井から、チンパンジーがジャンプしても届かない高さにバナナが吊り下げられていました。部屋の隅には箱がおいてありました。何度かジャンプを繰り返したあと、チンパンジーは、考え込むかのように動かなくなりました（図1‐6）。しばらくして箱に目をやったチンパンジーは、急に動き出し、一目散に箱をバナナの下にもってきて、その上に登ってバナナを手に入れたのです。問題を解決する前に、解決方法がチンパンジーの頭のなかにできあがっていたとしか思えません。こうした問題解決過程は、「洞察的な解決」と呼ばれています。

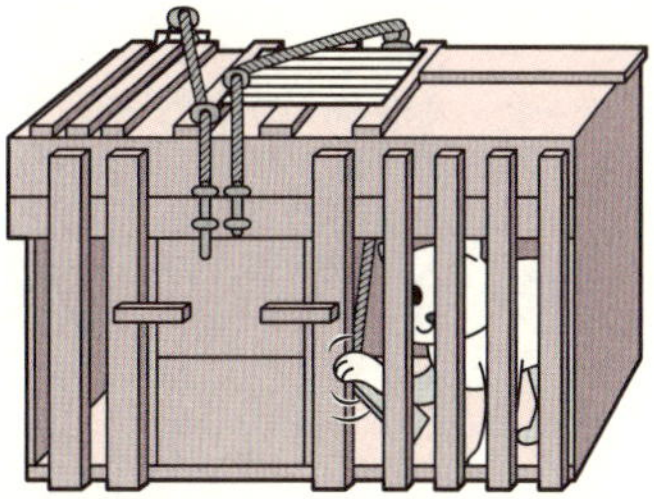

図1-5
「問題箱」に入れられたネコ。初めはやみくもに動いていたが、偶然かけがねがはずれることで、脱出法をしだいに学習する

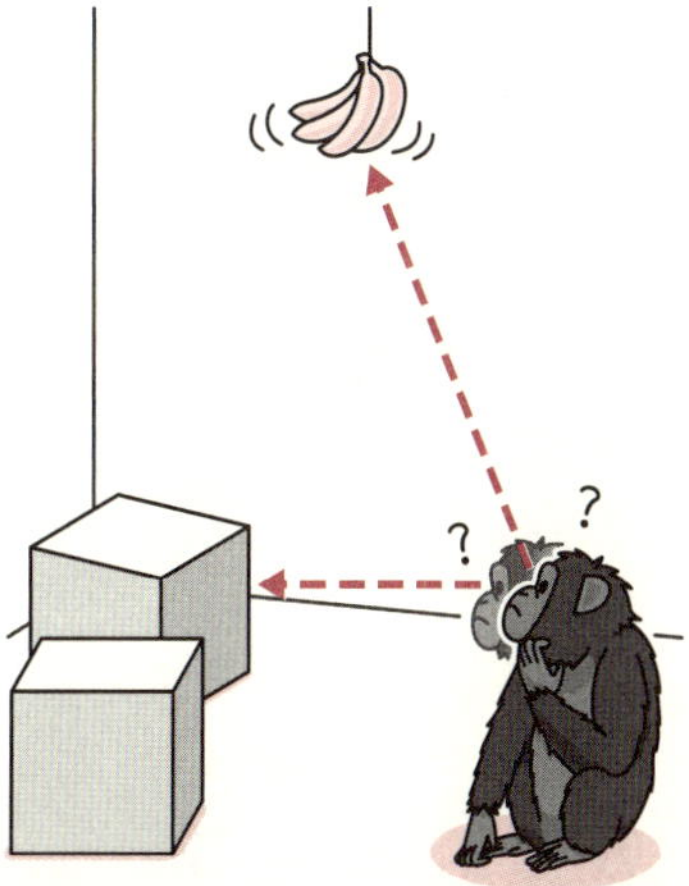

図1-6
どうすればバナナを手に入れられるか、チンパンジーはひとしきり考え、解決法を思いつくと一気に実行する

●有名なパブロフの実験

一方、もう少し基本的な動物の学習過程の研究もこのころに開始されています。ロシアのパブロフという生理学者は、イヌの唾液腺の研究をしていました。飼育係の足音がするとイヌが唾液を流し始めるのに気がついた彼は、ブザーを鳴らしたあとイヌの口のなかに肉片や酸を入れることを繰り返してみました。すると、最初は肉片や酸がなければ出なかった唾液が、ブザーの音を聞いただけで出るようになったのです。いわゆる条件反射の成立です。この学習の原理は、現在では「古典的条件づけ」、あるいは発見者の名前にちなんで、「パブロフ型条件づけ」と呼ばれています。

古典的条件づけは、意思とは無関係に生じる反射行動に関する学習です。これに対し、アメリカの心理学者スキナーは、意思的に制御できる行動の学習の原理を明らかにしました。それは「結果による選択」です。意思的に制御できる行動は、それがもたらした結果によって強められたり弱められたりします。ソーンダイクの効果の法則とほぼ同じ原理ですが、スキナーはこれをレバー押しやキーつつきなどの単純な行動を使って体系づけ、「オペラント条件づけ」と名づけました。動物はこれらの行動を、環境からよい結果を引き出すための道具として用いているとも見られることから、この学習は「道具的条件づけ」とも呼ばれています。

オペラント条件づけを利用して、アメリカの心理学者ブラウやステビンスたちは、刺激によって異なる反応をし分けることを動物に訓練し、種々の刺激をどのように知覚しているかを調べる研究を始めました。1960年ごろに始められたこの領域は、動物心理物理学と呼ばれています。本書でも紹介されるこんにちの動物の錯視研究や色やかたちの認識に関する研究は、この流れの最前線といえます。

また、動物心理学のもう1つの流れは記憶研究です。20世紀の初めに、アメリカの心理学者ハンターは、遅延反応、という課題を考えだしました。動物を「出発箱」に入れ、その先にある3つの部屋のうち1つに灯りをつけました。灯りが消されてから、種々の時間をおいて、動物を解放します。灯りのついていた部屋に行くと、動物は報酬を手に入れることができました。この課題を用いて、イヌやネズミなどの種々の動物が、どのくらいの時間、正解の部屋を憶えていられるかが調べられています。本書でも紹介されているように、動物の記憶研究は、さまざまな手法を用いて、現在でも活発におこなわれています。

●動物心理学で動物たちの内面に迫る

やはりアメリカの心理学者であったハーロウは、同じような学習を繰り返すと、動物の学習の速さはどんどん向上していくことを明らかにしています。

例えば、2つの物体を動物の前におき、どちらか一方を選ぶとご褒美を与えるようにすると、最初のうちは正解の物体を憶えるのに時間がかかりますが、次々と物体を取り替えて訓練を繰り返すと、しまいには、新しい正解物体をすぐに憶えるようになります。学習するための「ツボ」のようなものが学習されるのです。ハーロウはこれを「学習セット(学習の構え)」と呼びました。動物はその場面で特定の反応を憶えるだけなのではなく、より深い規則のようなものまで学習するのです。ハーロウはおもにサルの行動を分析しましたが、その後の研究で、程度の差はあれ、多くの動物が学習セットを形成することが示されています。

近年では、動物の心の研究は多様化しています。基礎的な環境認識から思考や社会的知性、感情まで研究は広がっています。こうした研究領域は、特に「比較認知科学」と呼ばれています。それらの最新の研究成果から、動物たちの心は、考えられていた以上に複雑で、豊かなものであることがわかってきました。動物とヒトを分ける垣根は、1つ、また1つと取り払われてきています。その一方で、基礎的な環境認識の面では、近縁の動物の間でも大きな種差があることもわかってきました。

本書を読めば、きっと動物たちの心の奥深さ、素晴らしさを実感されることでしょう。動物たちは、決して本能のおもむくままに生きてなどいません。みな自身の生きかたにマッチしたかたちで情報を処理し、考え、行動を調節して、環境に適応しているのです。そして、私たちヒトも。

第2章

動物の心を知る方法？

動物心理学の手法

●京都大学文学研究科　藤田和生

「動物の心の研究？　それはおもしろそうですね。だけど、どうやったら調べられるんですか？」

ごもっとも。ヒトの場合なら、言語という便利な道具がありますから、例えば色の認識を知りたければ、「この色は何色に見えますか？」などと聞くだけで、答えは簡単に出せます。

でもヒト以外の動物に対して、言語という手段を使うのは困難です。何かほかに動物たちの心の働きを知る方法はないのでしょうか。

あります。

ここでは、その方法についてお話します。

●自然な行動を利用する　①自然的観察法

方法には大きく分けて、動物たちの自然な行動を利用するものと、動物たちに特定の作業を訓練するものがあります。

自然な行動を利用するものは、さらに2つに分けることができます。

1つ目は、「自然的観察法」です。何も手を加えずに、動物たちをひたすら観察し、行動を記録していく方法です。どのような場合にどのような行動が生じるのか、つまり環境条件と行動との間の関連性を明らかにしていく方法です。日本のお家芸であったサル学でも、この方法が用いられてきました。

野外研究では、ほかに方法がないこともよくあります。観察や記録のしかたはいろいろです。気のついたことは何でも記録していく方法もあれば、1個体を追跡して記録する方法、記録する時間間隔を決めて、そのときに起こったことをまとめて記録する方法などがあります。

自然的観察法は、研究を始めるときにはたいへん役に立つ方法です。動物の行動を記録していくと、何かしら、そこに心の働きを見出すことがあります。例えば帰宅した飼い主を、しっぽをちぎれんばかりにふってお出迎えするイヌ。思わず抱きあげてほおずりしたくなりますね。飼い主以外に対してはこの行動が示されないのなら、このイヌは、飼い主を「この人だ」と同定しているのではないか、と推測できます。

自然的観察法を上手に用いると、心の働きをかなり詳細に知ることも可能です。1つ例をあげましょう。マッコーワンという研究者はハンドウイルカのあぶく環遊びを分析しました（図2-1）。イルカは頭にある噴気孔から巧みに気泡の環をつくって遊びます。つついてみたり、回してみたり、環くぐりをしたり。そのようすは私たちをなごませてくれます。イルカは、ときどき2つの環を続けて出すことがあります。うまくすると、2つ目の環が1つ目の環に合流して、大きな環ができるのです。マッコーワンらは、これが偶然の産物なのか、それともイルカが目的をもっておこなう行動なのかに興味をもちました。そこで彼らは1つ目の環のでき具合と、2つ目の環の出される割合の関係を分析しました。1つ目がきれいなかたちになっていると、2つ目の環が合流しやすいのです。環が合流するのが偶然の産物なのなら、1つ目のでき具合と2つ目の出される割合には関係がないはずです。観察事例をたくさん集めて分析すると、イルカは1つ目の環がきれいなかたちになっているときに、ずっと多く2つ目の環を出すことがわかりました。つまりイルカは1つ目の環のでき具合を見て、「ここだ!」とばかりに2つ目を出していたのです。

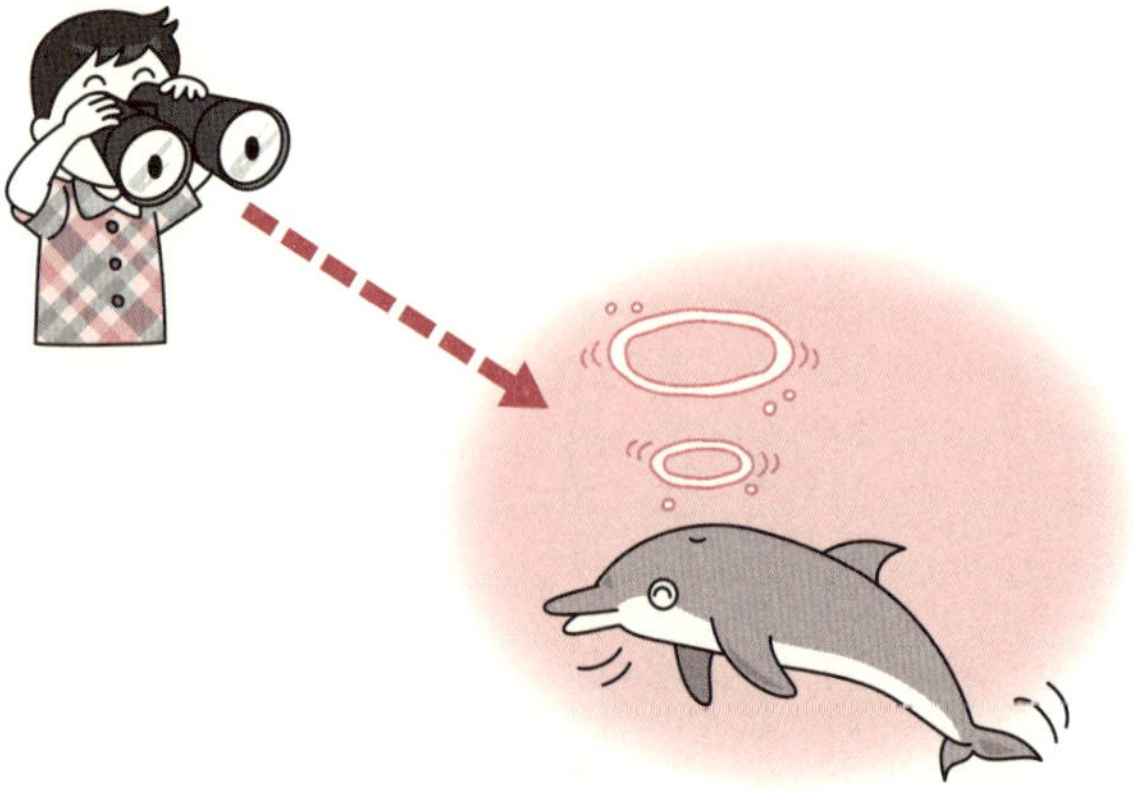

図2-1
自然的観察法で、イルカのあぶく環遊びを観察する。根気よく観察することで、さまざまなことがわかる

さらに、イルカは、この「2つの環」遊びを、ふつうのあぶく環遊びと異なり、プールの一番深いところでおこなうことが多いこともわかりました。イルカはこの遊びをするために水の静かな場所を選んでいたのだと思われます。まったくの観察だけから、ハンドウイルカの高度な知性の一端が明らかにされました。

●自然な行動を利用する ②実験的観察法

とはいえ、自然的観察法でいえることは限られています。そこで少しだけ手を加えて観察をする「実験的観察法」と呼ばれる方法も用いられます。

実験的観察法には2つのタイプがあります。

1つは観察機会を増やすタイプです。右の例ではイルカが何度もあぶく環遊びをしてくれるのでたくさんのデータを集めることができたのですが、いつもそうとは限りません。このようなとき、その行動が生じる機会を増やすために、環境を操作します。

飼育下では比較的容易にそれが可能です。例えば先ほどのイヌの飼い主認識を例にとると、通常飼い主は1日1回帰宅するので、飼い主に対するイヌの反応を数多く集めようとすると、日数がかかってたいへんです。その代わりに、飼い主にお願いして、1日に何度も「帰宅」してもらえれば、観察期間は大幅に短縮できます。

もう1つは、その行動が生じる要因を同定するために、環境に対し体系的にいろいろな操作を加えるやりかたです。実験的観察法の真価が発揮される方法です。

　いま一度、イヌの飼い主認識を例にとりましょう。帰宅する飼い主をお出迎えするイヌは、本当に飼い主をそれと同定しているのでしょうか。帰宅時間はだいだい一定でしょうから、イヌはひょっとすると夕方になると気分が高揚するだけかもしれないし、いつもスーツを着て帰宅するのなら、単にスーツが好きなだけかもしれません。ほかにもいろいろな可能性が考えられますね。飼い主の笑顔やしぐさなども手がかりになりそうです。

　飼い主の同定、といい切るためには、時刻も衣裳もしぐさも表情も、いろいろな条件で飼い主に登場してもらう必要があります。他方、飼い主以外にもいろいろな人物で試す必要がありますし、その人たちが飼い主と同じ衣装を着たり、同じしぐさをしたりした場合のイヌの反応も調べる必要があります。なかなかたいへんですね。

　こうした実物刺激を実際に出すのは難しいことも多いので、その代わりにビデオ映像や模型がよく用いられます。例えばオランダのティンバーゲンという動物行動研究者は、セグロカモメのヒナの親鳥に対する行動を分析しました。ヒナは親鳥が近づくと口を開けて餌ねだりをします。ヒナは親鳥を認識しているのでしょうか。種々のくちばしの模型を使った実験から、尖った物体の先に小さな赤い点があると、餌ねだり行動が誘発されることが明らかにされました。つまりヒナは親を親と認識しているわけではないのです。親鳥なら必ずもっているはずの単純な特徴に対する応答なのでした。うまくできたものです。

●実験的観察法の適用例――イヌ新生児のにおいによる母親認識

私も、実験的観察法で、イヌ新生児の母親認識を調べたことがあります。イヌはきわめて未熟な状態で生まれてきます。ずりずりと移動することは何とかできますが、生後2週間までは目も閉じたままだし、耳の穴もふさがっています。それでも何とかして母親の乳首にたどり着かなければならないわけですから、イヌはにおいで母親を見分けているかもしれないと考えました。

そこで、生まれて1週間のイヌ新生児を対象に、母イヌのにおいと、ほかのメスイヌのにおいが区別できるかどうかを調べてみました。

段ボール箱に大きなタオルを敷き、子イヌを入れます（図2‐2）。左右に母イヌの首のにおいをつけたガーゼのハンカチと、同じ犬種で同じ毛色の見知らぬメスイヌの首のにおいをつけたものをおきます。子イヌはずりずりと這い回りながら、母イヌのにおいのするほうに多く滞在していました。

ハンカチに鼻をつけている時間を測定すると、もっと明瞭に母イヌのほうにいることがわかりました。つまり

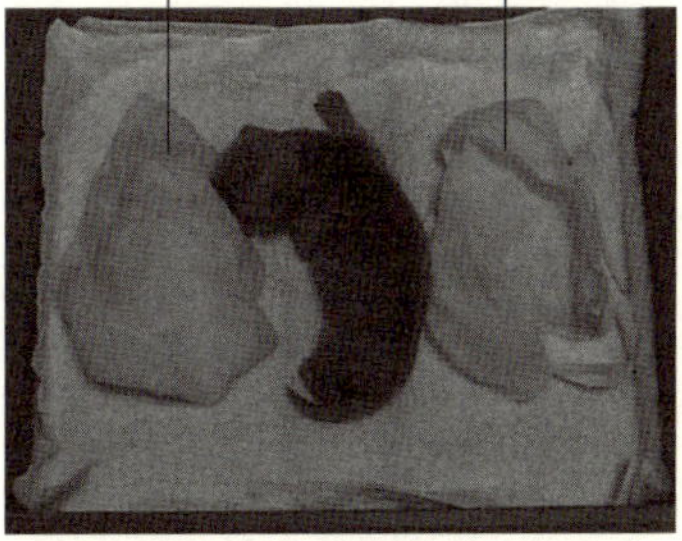

図2-2
イヌの新生児の母親認識を調べるテスト

1週齢のイヌ新生児は母イヌと未知のメスイヌのにおいをかぎ分けていることがわかりました。

●実験的観察法のいろいろ

実験的観察法は訓練が不要なので、動物だけではなく、ヒトの赤ちゃんにもよく利用されています。しばしば用いられるのは凝視反応です。例えば2つの刺激を左右に出してどちらを長く見るかを調べる方法があり、「選好注視法」と呼ばれています。もし左右の刺激の違いがわかり、かつ一方が他方よりも好まれるのなら、左右の刺激を見る時間に差が出てくるはずです。例えばヒトやサルの赤ちゃんは、顔のように見える図形を、そうは見えない図形よりも好んで見ます。

とはいえ、区別はできても、好みに差がない刺激だと、選好注視法では見分けがついているかどうかわかりません。そこで工夫されたのが、「馴化《じゅんか》・脱馴化法《だつじゅんかほう》」です。この手法では、まず1枚の同じ図形や写真を繰り返し見せます。最初、赤ちゃんは刺激を長い時間見つめますが、そのうちに飽きてきて（馴化）、見なくなります。そこで、別の刺激を見せます。もし赤ちゃんが2つの刺激を区別しているなら、新しい刺激に対して再度注目するだろう（脱馴化）と考えられます。この方法は2つの刺激の間に好みの差がなくても使えます。もちろん動物でも使えます。ただ、同じ刺激を何度も見せないといけないので、一度にたくさんの刺激をテストすることはできません。

もう1つ、「期待違反法」というのもあります（図2-3）。これは、1つ目の刺激から次に出てくる刺激が予測できるような場面を使って、それに反した刺激が出てくると驚く、という現象を利用したものです。刺激を見つめる時間が長くなる反応がよく利用されます。例えば、男の人の声がしたあと、女の人が現れたときに、予測通り男の人が現れた場合よりも注視時間が長くなれば、その個体は男の人の声と姿を関連づけていることがわかります。この手続きも動物を使った実験でよく利用されています。

実験的観察法は、このようにうまく使えば動物の心の働きを探る強力なツールになります。しかしながら、いつもうまい具合に、知りたい心の機能を調べるために使える自然な反応が見つかるとは限りません。

●実験的分析法

このようなときには、動物の学習能力を利用して、知りたい機能にかかわる特別な反応をつくって分析します。この方法は、「実験的分析法」と

図2-3
実験的観察法の1つ期待違反法をおこなっているところ。予想とは違うことがおこったときの反応を観察する

呼ばれています。

色の認識を知りたければ、色を手がかりとした人工的な反応を訓練します。例えば動物に、赤い色が出たときにはボタンA、緑が出たときにはボタンBを押すことを訓練します。そうしたあと、橙や黄などの中間の色をいろいろ出して、A、Bのどちらに反応するかを調べれば、それらが、赤と緑のどちらに似て見えているかを調べることができます（図2-4）。

長さの判断を知りたければ、長さを手がかりとした反応を訓練します。本書にも出てくる動物の目の錯覚（錯視）なども、これを利用して調べたものです。まず、線分の長さがある長さよりも長ければボタンA、短ければBを押すように訓練します。そうしてから、棒の長さを錯覚させる図形を出して、A、Bのどちらにふり分けてくるかを調べます。もし動物が、周囲の図形のせいで棒の長さを長く錯覚するなら、反応のふり分けはAが多くなるほうに歪むだろうし、逆に短く錯覚するなら、Bが多くなるほうに歪むはずです。

これらの方法は、要するに調べたいことを報告す

図2-4
実験的分析法をおこなっているところ。訓練では表示しなかった色を見せたときの反応から、どの色に似ていると判断したかを知ることができる

る非常に限定された言語報告をつくっているのと同じです。最初の仮想実験では「赤だ」「緑だ」に対応する報告、あとの実験では「長い」「短い」に対応する報告です。限定されたチャンネルですけれど、ある意味、私たちは動物と「対話」して彼らの心を覗くことができるのです。

実験的分析法は、動物の心の働きを詳細に分析するための非常に強力なツールで、工夫しだいでかなり複雑な認知を調べることもできます。それらについては、本書のあちこちで紹介されています。

第3章

動物から世界を見ると？

3-1 色が見えるのはヒトだけ?

●京都大学文学研究科　藤田和生

イヌやネコは白黒で世界を見ている。カラフルなおもちゃを与えたって意味がない。そういう話をよく耳にします。本当でしょうか? 飼い主なら誰だって気になります。答えを出す前に、色の見えるしくみをちょっと説明させてください。

私たちのまわりは色彩であふれているように思えますが、それは私たちの思い込みに過ぎません。色は光が目に入ったときに私たちが感じる主観的な印象なのです。光は短波、マイクロ波、X線などの電磁波のうち、数百ナノメートル(1ナノメートルは100万分の1ミリメートル)の波長をもつものの総称で、要はただの電波の1種ですから、それ自体には色はついていません。それなのに、なぜ私たちには色が見えるのでしょうか。

●色の見えるしくみ

目には、光を感じ取るセンサーが2種類あります。1つは「桿体《かんたい》」という細長い細胞で、おもに暗いところで働く敏感なセンサーです。もう1つは「錐体《すいたい》」という円錐形をした細胞で、これが色の認識に関係しています。

私たちの目には錐体が3タイプあり、それぞれ最もよく感じる光の波長が違っています。比較的長い波長によく応答するのを「赤錐体」、それより少し短い波長によく応答するのを「緑錐体」、かなり短い波長によく応答するのを「青錐体」と呼んでいます。これはそれぞれの波長の光が目に入ったときの色印象に基づく名称です。

いま、ある波長の光が目に入ってきたとしましょう。そうすると、この3タイプの錐体が、それぞれ異なる強さで興奮します。違う波長の光だと、この興奮のパターンは変わりますね。錐体が3タイプあると、見える範囲のすべての波長の光に対して、異なる興奮のパターンができあがります。色の印象は、このパターンに対して脳がつくり出したものなのです。太陽光には、すべての波長の光が混ざっています。こうした光は3タイプの錐体を全部同じだけ興奮させることになり、白色（無彩色）に見えます。雨上がりの空にかかる虹は太陽の光が波長別に分解されたものです。これが赤から紫まで順次色づいて見えるのは、このしくみのおかげなのです。3タイプの錐体で色を区別するシステムのことを「3色型」と呼んでいます。

●動物の目の場合

イヌやネコの目にも、やはり桿体と錐体があります。しかし、錐体には2つのタイプ、ヒトでいえば赤錐体と青錐体だけがある状態で、2色型です。この場合にも、入ってくる光の波長によって、2つの錐体の興奮のパターンは多くの場合異なるので、色は見えます。でも、3つのタイプで区別する場合に比べて、見分けられる色は少なくなります。特に緑や赤のあたりの見分けが困難です。図3-1を見て、感触をつかんでください。特徴的なのは、3色型のヒトでは青緑くらいに見える波長の光が入ってくると、ちょうど赤錐体と青錐体が同じだけ興奮するので、白色光と区別がつかないことです。つまりこの特定の波長では色が感じられず、無彩色に見えます。ここを「中性点」と呼んでいます。

実は、哺乳類は一般的に2色型です。グループとして3色型なのは、サルの仲間（霊長類）のうち、アジア・アフリカにいる旧世界ザル（狭鼻猿類）と呼ばれる仲間だけです。例えばチンパンジーやゴリラ、テナガザルの仲間、ヒヒやニホンザルの仲

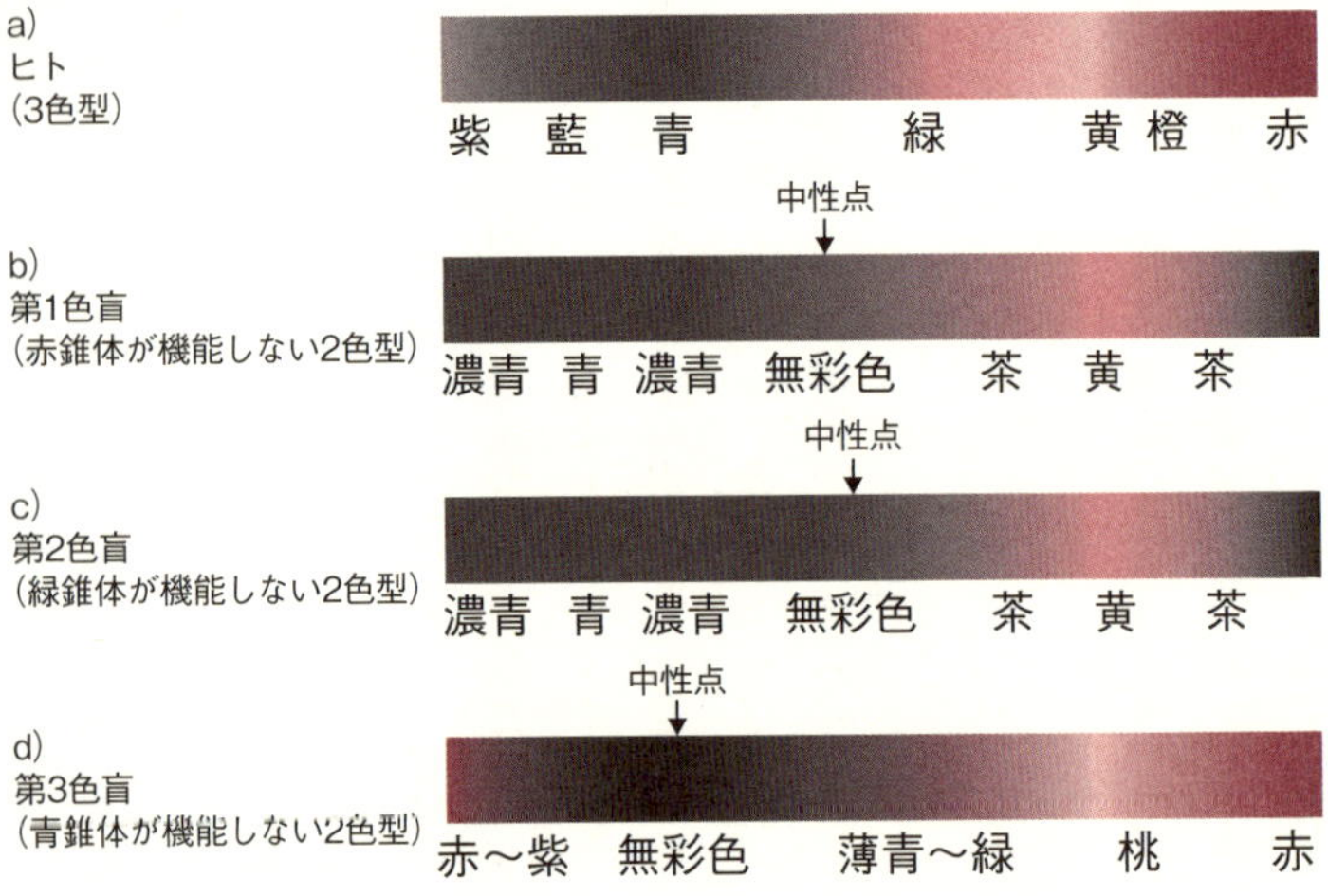

図3-1
3色型と2色型の色覚で見た可視光線の色印象の模式図。aは3色型のヒト。b〜dは2色型のヒト。bは緑錐体と青錐体だけをもつ場合。cは赤錐体と青錐体だけをもつ場合。dは赤錐体と緑錐体だけをもつ場合。dはヒトでは、ごくまれにしか見られない

間などは、ヒトとほぼ同等の色の認識機構をもっています。オマキザル、リスザル、クモザルなど、中南米にいる新世界ザル（広鼻猿類）と呼ばれる種類は、ほとんどが2色型です。メガネザル、キツネザルなどの原猿類と呼ばれる種類もそうです。ヒトの色認識は哺乳類のなかではトップランクに位置づけることができます。

しかし、哺乳類以外の動物群に目を向けると、ヒトの地位は急落します。鳥類や爬虫類、魚類などには4タイプの錐体をもつものがたくさんいるのです。例えばニワトリは、赤、緑、青、紫の4つの錐体をもっています。ほかにも、4つの錐体をもつ鳥類はたくさん見つかっています。カメの仲間にも4色型がいますし、キンギョも4色型です。彼らにはヒトよりも微妙な色の区別がつくことでしょう。

色覚の進化史をふり返ると、脊椎動物の錐体にはもともと4タイプがあったようです。恐竜の全盛時代、哺乳類は夜行性の小動物でした。暗いところで生活するうちに、哺乳類は大切な4つの錐体のうち2つを失ってしまったのです。鳥類などのカラフルさに比べて、哺乳類が白、黒、茶色といった地味な色なのも、これに関連しています。自分たちが見えない色をまとっても、色のよく見える獲物に逃げられたり、捕食者に狙われたりするだけですから。

旧世界ザルが3色型を取り戻したのには、いくつかの理由が考えられています。1つは果実食への適応です。果実にはカロリーがたくさんあって、霊長類の大きな脳を維持するのに都合がよいのです。色がよく見分けられることは、果実を見つけたり、熟れ具合を見定めたりするのに、大いに役立つでしょう。もう1つ、仲間の微妙な肌の色を見分けるためだという説もあります。霊長類は社会的な動物ですから、仲間の感情や健康状態を知ることはとても大切でしょう。霊長類には顔に露出した皮膚があります。ここの血色を見ることで、他個体の状態がわかるというわけです。

無脊椎動物にも色のよく見える動物はたくさんいます。ミツバチは緑、青、紫外線にピークをもつ3つの色感受器をもっていますし、アゲハチョウには赤、緑、青、紫、紫外線の5つの色感受器があります。まばゆい花々の色彩は、彼らとともに進化したのです。

ニワトリやチョウやミツバチになって、4色型、5色型から見た世界を体験してみたいものですね。色とりどりのパンジーの花はもっとカラフルなのでしょうか？　虹はどんなふうに見えるのでしょうか？　かなわぬ夢ですが……。

3-2 かたちはヒトと同じように見分けがつくの？

●相模女子大学人間社会学部　後藤和宏

虫たちのなかには、自分の姿を木の枝や葉っぱなどに似せ、自分たちを餌として狙う敵から隠れるものがいます。これらの獲物を狙う動物は、ヒトが見分けるのが困難な模様やかたちの違いを見分けます。かたちの認識には、動物によってどのような違いがあるのでしょうか。

●全体と部分とどちらが重要？

アメリカのブラウン大学のブラウは、ハトのアルファベットの認識について調べました。実験箱の壁に取りつけられた3つのパネルに1文字ずつアルファベットを表示し、3つの文字のうち、ほかの2つと異なる1つの文字を選ぶようにハトを訓練しました。正解が多いということは、2文字のアルファベットが見分けやすく、逆に不正解が多いということは、それらが見分けにくいということになります。

アルファベット2文字の組み合わせすべてに関して見分けやすさを調べたところ、CとG、IとJ、RとPなど、ハトとヒトが間違いやすい組み合わせは似ていました。チンパンジーも、ヒトやハトと同じような組み合わせで間違いやすく、単純なかたちの認識は、これらの動物であまり違いがないのでしょう。

もっと複雑なかたちの場合はどうでしょうか。例えば、イスラエルのハイファ大学のネイヴォンは、たくさんのSという文字を並べて大きなHという文字になる図形を作成しました（図3-2）。全体的なかたち（この場合はH）と部分的なかたち（この場合はS）が何かと答えてもらうと、ヒトは、小さな文字よりも大きな文字が何かと答えるほうが速くできます。また、小さな文字を無視することは容易ですが、大きな文字を無視することは容易ではありません。つまり、ヒトは、「全体」に注意を向けて大まかな特徴をとらえ、その後、注意を「部分」へと向けて、細かい特徴を分析していくと考えられます。この傾向は「全体優位性効果」と呼ばれています。

ヒト以外の動物はどうでしょうか。サルやハトなど多くの動物で、ヒトとは逆に小さな図形を見分けるほうが大きな図形を見分けるのよりも得意であることが報告されています。チンパンジーも小さな図形を見分けるほうが簡単なのですが、小さな図形を線でつないだときには、ヒトと同じように全体を見分けるほうが得意になります（図3-3）。このよ

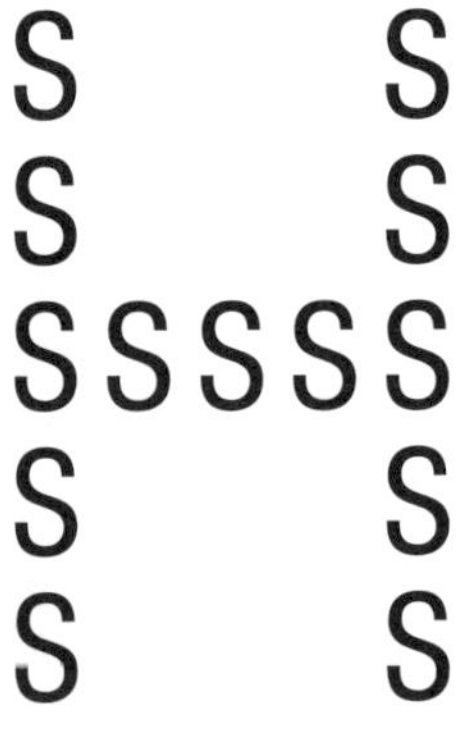

図3-2
「全体」と「部分」のどちらを先に見るかを調べるための図形の例。小さな文字を配置して大きな文字をつくる。ヒトは大きな文字を先に見るのに対して、多くの動物は小さな文字を先に見る

うに、ヒト以外の動物は、ヒトとは逆に、「全体」よりも「部分」を優先すると考えられています。

●ヒトには見えて、ハトには見えない!?

「全体」と「部分」の認識に関して、さらにおもしろい報告があります。いくつかの斜め線のなかから、1つだけ向きが違うもの見つけるという課題があります。すべての斜め線にLを書き足して、三角形と鳥の足跡のような図形にするとどうなるでしょうか（図3-4）。書き足したLという部分は、線の傾きを見分けるためには必要ありません。しかし、それがあることによってヒトは線の傾きの違いを簡単に見つけられるようになります。これは、ヒトが全体を単なる部分の集合とは異なるかたち（「ゲシュタルト」といいます）として見ているからです。この場合、書き足した線によって、「囲まれた」あるいは「閉じた」図形ができるかどうかを見分けることのほうが、線の傾き自体を見分けるのよりも簡単

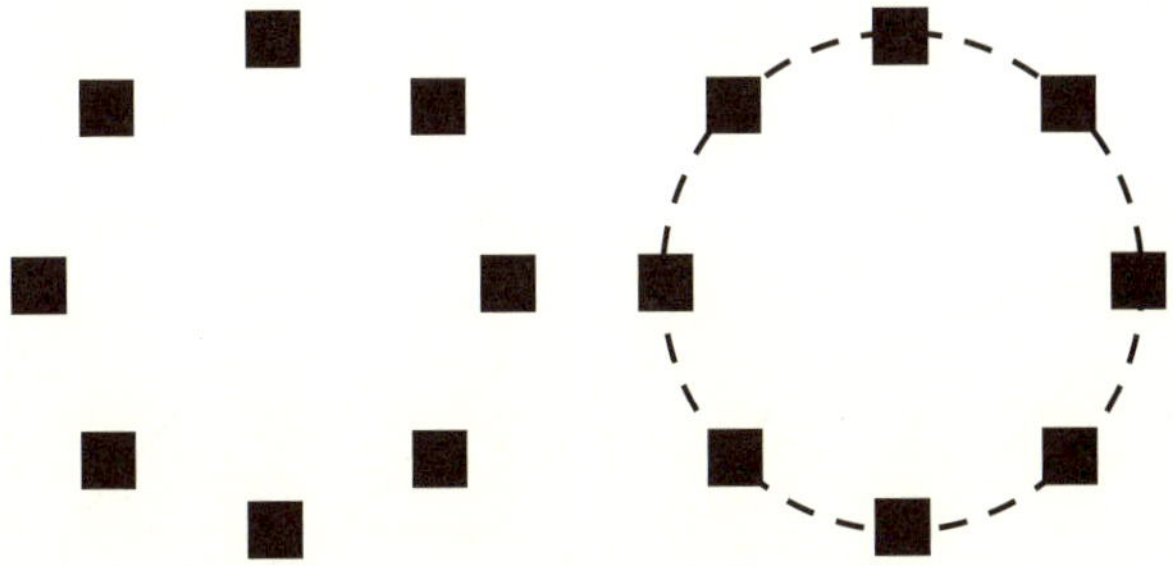

図3-3
チンパンジーは、左の図形の場合、円という図形全体の配置よりも正方形という部分を先に見るが、右の図形のように正方形を線でつなぐと円という全体を先に見る

なのでしょう。こちらの現象は「パターン優位性効果」と呼ばれています。

筆者らは、チンパンジーやフサオマキザルでは、ヒトと同じように、Lを書き足すと線の向きが見分けやすくなることを明らかにしました。一方、ハトやカラスなどの鳥類では、Lを書き足すと、線の向きを見分けるのが逆に難しくなりました。この結果は、ハトやカラスなどの鳥類が、ヒトをはじめとする霊長類とは違い、部分の組み合わせをゲシュタルトとしては見ていないことを示しています。

このように、動物によってかたちの認識が違うのはなぜなのでしょう。空を飛行して高速移動するのと地上を歩行によって移動する違い、目の位置が頭の側面か正面かによる違いなど、さまざまな理由が考えられます。残念ながら、まだその理由はわかっていません。今後、生活様式や体の形態の違いに注目していろいろな動物を比べることで、その理由が明らかになるでしょう。

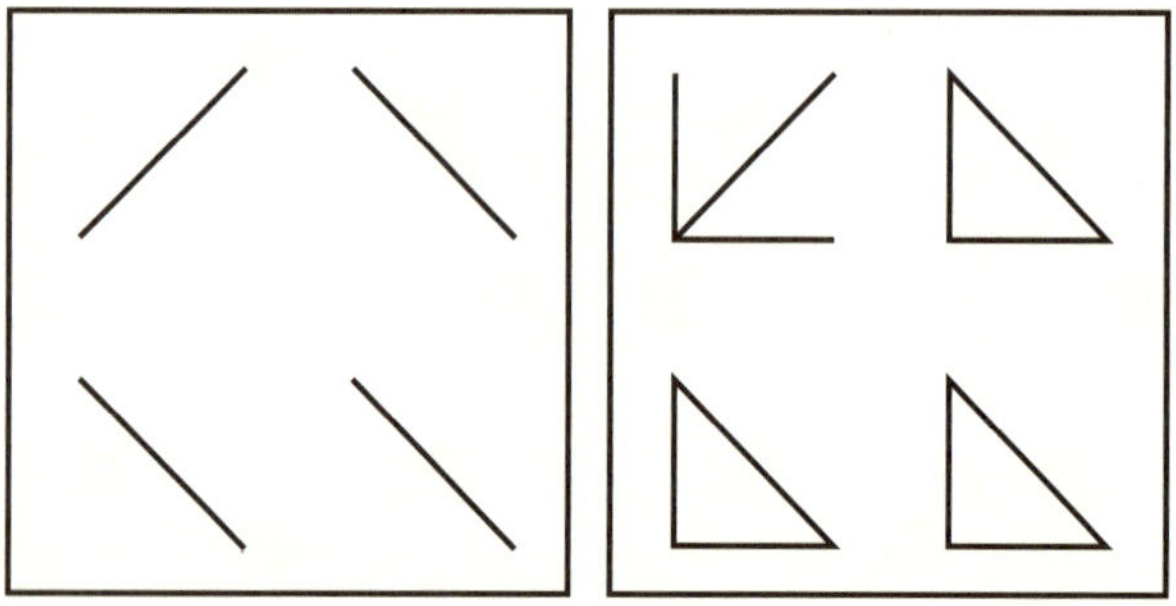

図3-4
傾きが異なる線を見つけるとき、線だけで見つけるよりも（左）、すべての線にLを書き加えたほうが（右）、ヒトにはより簡単に見つかる

3-3 目の錯覚があるのはヒトだけ？

●京都大学文学研究科　藤田和生

私たちの見ている世界は、しばしば物理的真実からかけ離れたものになっています。そんな馬鹿な、と思われた方は、ちょっと友だちと立ち話をしている場面を想像してください。楽しいおしゃべりのあと、「じゃあまたね」とあいさつをして友だちが離れて行きます。2メートル、5メートル、10メートル……さあて、友だちの姿はどうなりますか？　10メートルも離れると、2〜3割小さく見えるかな。離れたのだから当然ですね？

●目に見えているのは現実ではない!?

いま1メートルの距離に1・6メートルの高さの棒が立てられていたとします。私たちの目の網膜には、その像が逆さまに映っています。距離が2メートルになったとしましょう。図3-5を見てください。棒の像の大きさは2分の1になります

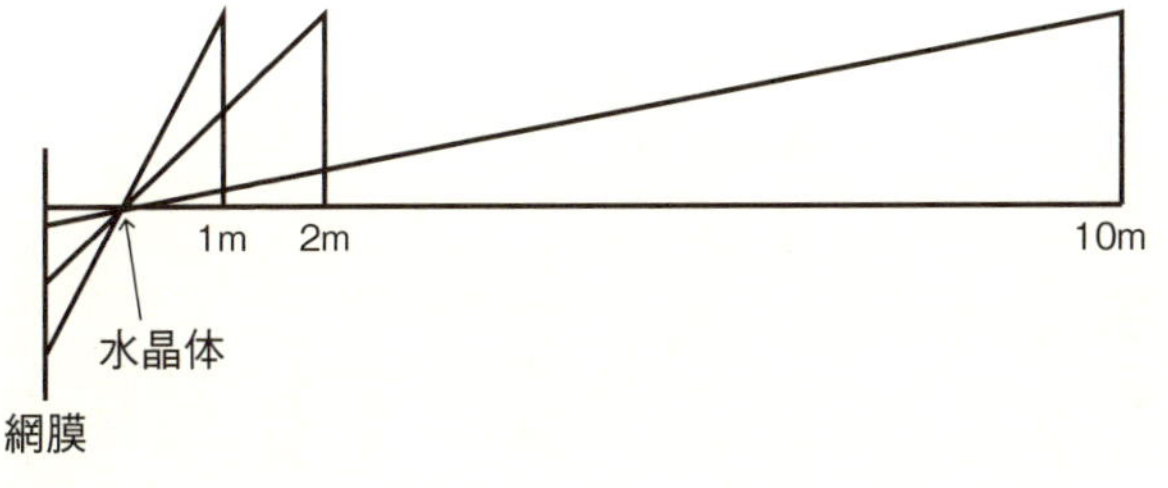

図3-5
物体の距離と網膜像の大きさの関係。網膜に映る物体の像は、距離に応じて小さくなる。2mのときは1mのときの2分の1、10mのときは10分の1

ね。次に距離が10メートルになったとしましょうか。こんどは棒の像の大きさは10分の1になります。あれ？　さっきは2～3割縮むかな、という話だったのに、これでは納得できませんよね。

これは「大きさの恒常性」と呼ばれる心理的な働きによるものです。対象物までの距離が遠くなると、その分だけ、網膜像の大きさに補正がかけられて、心理的な大きさがあまり変わらないように、自動的に調整されるのです。

こうした事例は、ほかにもたくさんあります。図3‐6を見てください。これらは「幾何学的錯視」と呼ばれている図形です。どうです？　あなたの目は見事にだまされるでしょう？　私たちの環境認識システムは、私たちの生活にうまく合うように自然選択されてきたはずです。不思議に思うかもしれませんが、こうしてだまされるようなシステムが、どこか別のところでは大いに役に立っているはずなのですね。

こういう目の錯覚はヒト特有のものでしょうか？　ほかの動物はどうなのでしょう？　これは単に問いとして興味深いだけではなく、それぞれの種が進化させてきた環境認識システムが、その生きかたとどのような関係をもっているのかを考えるうえで、とても大切な問いです。

●ハトを使った錯視の実験

動物の錯視は20世紀前半から調べられています。多くは動物もヒトと同じように錯覚するというものだったのですが、最近になって、意外な事実がわかってきました。

1つ目は、京都大学の中村哲之（現東洋学園大学）らの研究です。彼らは、ハトを対象に、エビングハウス錯視（図3‐6c）の見えかたを調べました。

まずハトに、円盤の大きさを大・小に分類する課題の訓練をしました。タッチパネルの中央に出てきた円盤をハトが何度かつつくと、画面の下に「大」「小」に対応した2つの図形が出ます。用いられた6つの円盤のうち、大きいほうから3つに対しては「大」、小さいほうから3つに対しては「小」をつつくとご褒美がでます。

上手にできるようになれば円盤の周囲に、一定の大きさの6つの円盤を、反応が乱れないように少しずつ濃くしながら入れていき、最終的に中央の円盤と同じ濃さになった

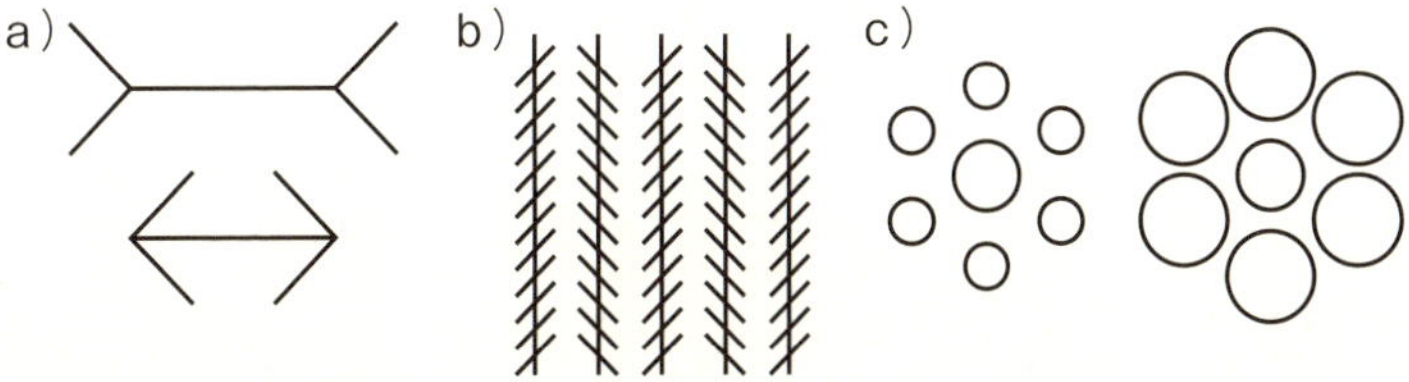

図3-6
幾何学的錯視図のいろいろ
a）ミュラー・リヤー錯視
中央の2つの線分のうち、付加された矢羽のせいで、上のほうが下よりも長く見える
b）ツェルナー錯視
縦の平行の長い線分が、クロスハッチのせいで、相互に収斂して見える
c）エビングハウス錯視
中央の円盤の大きさが、周囲に配置された円盤との対比で、異なって見える。周囲円が小さいと大きく、周囲円が大きいと小さく見える

らテストをします。テストでは周囲におかれた円盤の大きさを大きくしたり小さくしたりして、中央の円盤の大きさの分類がどのようにずれるかを調べます。このとき、ハトはどのように分類しようとご褒美をもらうことができました。

同じ課題を大学生にさせると、周囲の円盤が小さいときには、中央円盤の大きさ分類は大きいほう、逆に周囲の円盤が大きいときには小さいほうにずれました。つまり周囲円が大きいと中央円は小さく、周囲円が小さいと中央円は大きく見えたということです。これは図3‐6cから受ける印象そのものですね。

ところがハトの結果はこれとはまったく逆になったのです。つまり周囲の円盤が小さいと、中央円盤の大きさ分類ははっきりと小さいほうにずれ、逆に周囲の円盤が大きいと大きいほうにずれたのです。周囲の円盤の大きさを答えているのでないことは確認してあります。つまりこれは、ハトがエビングハウス図形を私たちヒトとはまったく逆向きに錯覚することを示しています。

2つ目は、これも京都大学の渡辺創太（現大阪教育大学）らの研究です。彼らは、やはりハトのツェルナー錯視（図3‐6b）を検討しました。

この研究では、2本の長い直線を対にして隣り合わせに提示し、ハトに、その端っこの隙間のうち、狭い（あるいは広い）ほうを選んでつつくように訓練しました。直線の角度とその組み合わせにはいろいろなものがありました。そのあと、それぞれの直線に、典型的な錯視図形にはならないように短い平行線分（クロスハッチ）をたくさん貼りつけて訓練し、典型的な錯視図形を誘導するクロスハッチに変えてテストしました。ハトは何と反応してもご褒美を手にすることができました。

大学生にやってもらうと、ハの字型に並んだクロスハッチが付加されると、上のほうが広いという反応が多くなり、逆ハの字型に並んだクロスハッチのときには、逆の反応が多くなりました。これは典型的なツェルナー錯視です。

ところが、ハトの結果は、またしてもこれとはまったく逆になりました。つまり、ハの字型クロスハッチの場合には下が広く、逆ハの字型クロスハッチのときには上が広いという反応になったのです。

こうした逆錯視がなぜおこるか、まだよくわかっていません。しかし確実にいえることは、私たちヒトが見ている世界は、すべての種に共通なものではなく、ヒト特有の歪みを伴うものなのだということです。自分たちの考えや見ている世界が常に正しいと思い込んではいけないことを、ハトは私たちに教えてくれています。

3-4 見えないものが見える?

●千葉大学文学部　牛谷智一

舞台で上演される演劇をご覧になったことがあるでしょうか?　プロの演技は、舞台でおこっていることがまるで現実でおこっているかのように思わせ、見ている側を魅了します。しかし、舞台の上の店や家は、裏から見れば単なる張りぼてにすぎません。

●見えないところの存在を認識する?

一方、私たちの見ている現実世界はどうでしょうか?　あなたは、自分の部屋のなかにいて窓から外を眺めずとも、窓の外に大きな世界が広がっていることを知っています。実際に窓から外の景色を眺めると、こんどは目の前に複数の家が続いているのが見えるかもしれません。それらの家の裏側に回ってみたら張りぼてだった、そんなことがあるでしょうか?　いいえ、私たちは自分の家の窓から見えない部分も、ちゃんと存在していることを知っています。だからこそ、逆に、私たちは虚構の世界であるはずの舞台上の家や店もその裏まで続いていることを想像し、まるで本物であるかのように演劇を楽しむことができます。

見えないところ、厳密にいえば、目の網膜に映らないものも、私たちは存在することを知っています。しかしこれは当たり前のことではありません。生後8ヶ月くらいまでの赤ん坊は、興味を引かれるおもちゃを目の前においていても、それをハンカチで隠した途端に興味を失います。乳児にとっては、見える世界だけが存在する世界なのです。8ヶ月を超えると、ようやく目の前で隠されたものを探すようになり、それ以降も時間をかけて、物体が見えない間も存在し続けることを認識できるようになります。これを「物体の永続性の認識」と呼んでいます（ただし、遮蔽物の向こうに障害物を隠したにもかかわらず、遮蔽物の後ろを別の物体が通り抜けると、3・5ヶ月児でも驚くことから、もう少し早い時期から見えないものについても認識しているという報告があります）。

●赤ちゃんにもある知覚的補間

永続性の認識は、五感よりも高次の認識の話ですが、私たちの心は、もっと基本的な、五感のところで同じような働きをします。図3-7aをご覧ください。私たちは、この図を見ると、四角形の下に円が隠れているというように認識します。これが「知覚的補間（補完）」と呼ばれている現象です。決して図3-7bのように一部の欠けた円が四角形にぴったりとくっついているというようには認識しません。実際、複数の円のなかから一部の欠けた円を探すよう求められた実験では、図3-7aのように一部の欠けた円の欠け部分に四角形がくっついた図形を探す時間は、くっついていない図形を探すときに比べて長くなります。私たちは知識としてではなく、自動的に無意識に、そして認識の早い段階で補間をおこなっていることがわかります。つまり私たちは、見えないもの（網膜に映らないもの）も、心の働きによって見える（知覚できる）のです。見えないものが見えるというと、まるで超能力ですが、私たちの心は見えないはずのものを補う便利な能力をもっています。しかも、この知覚能力は、生後4ヶ月ごろという非常に早い時期から生じることが知られています。

●チンパンジーとハトの視覚的補間は？

はたしてヒト以外の動物ではどうでしょうか？

京都大学の藤田和生の研究チームは、図3-8aのような1本の棒と真ん中で2つに分かれた棒の区別をチンパンジーに訓練しました。最初に、このうちのどちらかが出てきます。それが消えると、次に選択肢としてこれら両方が提示されます。最初に見たのが1本の棒なら1本の棒、2つに分かれた棒なら分かれた棒を選ぶと、ご褒美がもら

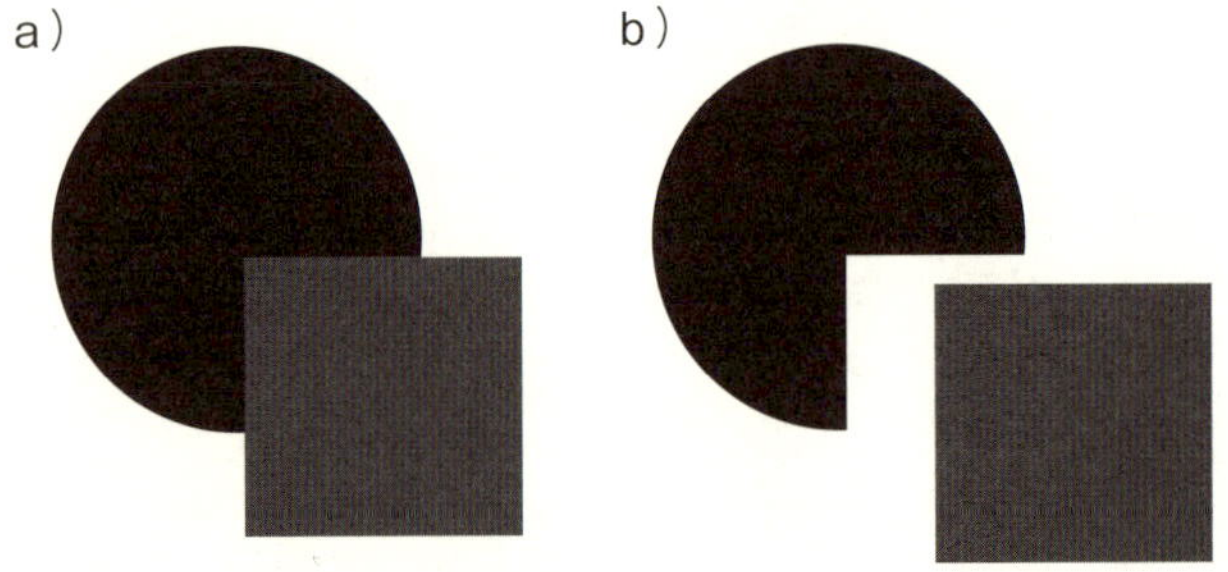

図3-7
aのような図形を見ても、bのように一部の欠けた円が正方形にくっついているようには見えない。完全な円が正方形の後ろに知覚される

えます。この訓練を続けたあとで、図3‐8bのような真ん中が隠された棒を提示しました。見えている部分は上下に分かれているので2つに分かれた棒だと判断してもよさそうなところですが、チンパンジーは、1本の棒を選びました。これはチンパンジーが私たちと同様に隠れた部分を補って知覚していることを示しています。同じ方法で藤田らはフサオマキザルを調べていますが、このサルでも同じようになりました。

ところが、筆者らが同じやりかたでハトを調べたところ、ハトは2本の棒を選ぶことがわかりました。これは私たちから見ると、実に不思議です。どうしてなのでしょうか。

見ている部分から隠れた部分を補うのは、ヒトでは自動的な処理だとしても、処理に時間がかからないというわけではありません。ラウシェンバーガーとヤンティスによる研究では、ヒトでは補間に0・2秒程度の時間がかかっていることがわかりました。0・2秒という時間はきわめて短いように思えますが、時速60キロメートル以上のスピードで飛ぶハトならば、隠れた部分を知覚して行動を決定している間に、建物にぶつかったりして生死

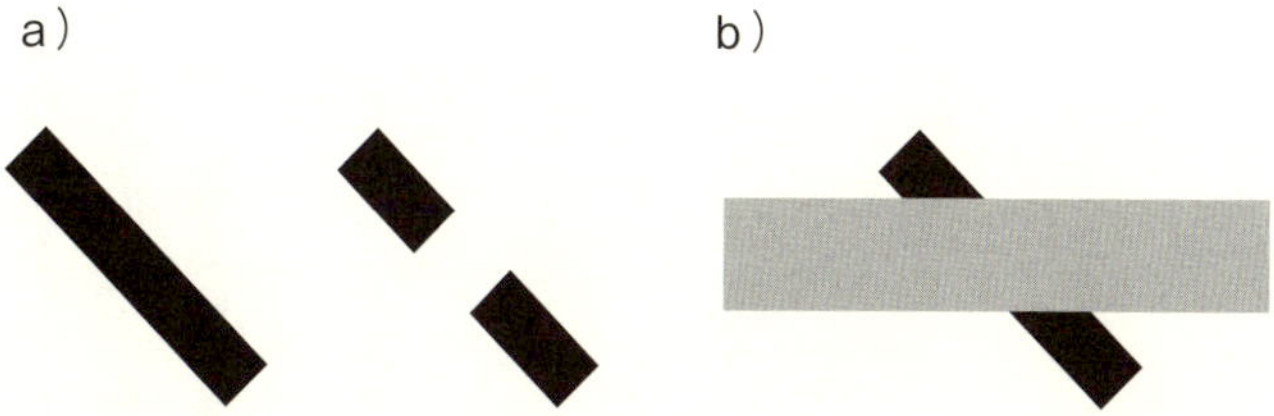

図3-8
チンパンジーやハトに、aの2つの図形の区別を訓練したあと、bのような図形を提示し、aのうちどちらに見えるかを調べた。ヒトではbは1本の黒い棒（aの左の図形）が知覚される

すら危うくなりかねません。ハトが補間しないのだとしても、それは、彼らの生態に合わせて進化した結果なのだと考えられます。なお、ハトが特殊な訓練や特殊な刺激を用いれば補間するという報告もあり、議論が続いていますが、こういう基本的な知覚能力に多様性があることに何も驚きはありません。ヒトの知覚システムのありかたは、地球上の数多くの動物種の1つのありかたにすぎないのですから。

3-5 写真やテレビはどう見える？

京都大学霊長類研究所　友永雅己

イメージのとらえかた

私たち人間の世界には、さまざまな「イメージ」があふれています。ここでいうイメージとは、写真やテレビ、映画、さらには絵画など、物理的な3次元の世界を2次元の世界に表現したものということにしておきましょう。このような「イメージ」の世界は私たちの文化の産物です。ですから、このようなイメージを認識し理解する能力はヒト特有のものであると考えている方も多いのではないでしょうか。実際、ヒト以外の動物はこのようなイメージをどのように見ているのでしょうか。

おそらく、3つの可能性があるでしょう。第1の可能性は、写真などのイメージを単なる光の点の集合、あるいは線や単純な図形の集合としか見ていない、というものです。例えば、ハーバード大学のセレラによる、ハトでの有名な実験があります。スヌーピーが出てくる漫画の登場人物のチャーリー・ブラウンと、ほかのキャラクターの区別を、絵を用いてハトに訓練したのです。チャーリー・ブラウンを見るとキーをつつき、そうでない場合にはつつかない。このような勉強を積んだのち、テストとして、頭部と胴体の位置関係をひっくり返した絵を見せたところ、ハトは何のためらいもなく答えることができたのです（詳しくは70ページの「3 - 9 絵はわかる?」を参考にしてください）。

第2の可能性は、第1の可能性とは正反対の可能性です。つまり、写真に写っているものと本物の区別がつかない場合です。これについては、とてもおもしろい実験があります。フランス国立科学研究センターのパロンたちは、これまでに写真を見たことがないヒヒ、ゴリラ、チンパンジーを対象に、まず、実物のぶつ切りのバナナと石ころを一緒に見せたところ、当然のようにバナナを選んで口にしました。しかし、写真のバナナと実物の石ころや写真の石ころを対にして見せると、ヒヒは写真のバナナを選び、あろうことかそれを食べてしまったのです（ただし、写真の石ころは食べませんでしたが）（図3 - 9）。一方、ゴリラやチンパンジーはそんな行動は示しませんでした。ヒヒのようなサルの仲間と類人の間には、写真などのイメージの認識のしかたに違いがあるのかもしれません。

そこで、第3の可能性が考えられます。つまり、写真や映像が、実物そのものではないことがわかっているが、そこに写っているものが外界の写しもの（イメージと呼んでもいいでしょう）だということがわかっている場合です。このような写しものは心理学では「表象」と呼ぶこともあります。つまり、現実世界に関するイメージとしての写真やテレビの映像についての「表象」と現実世界そのものの「表象」が心のなかに二重に存在し、その間の対応関係も理解できている状態といっていいでしょう。このような「二重表象」

は、ヒトでも3歳くらいにならないと獲得できないことがわかっています。ヒト以外の動物でも2次元映像に対する経験をある程度積まないと獲得し得ないものなのかもしれません。ただし、動物を対象としたさまざまな比較認知研究では、写真やビデオ映像が幅広く用いられています。そこから顔の認識などの社会的な場面の知覚・認知や、複雑な事象の認識に関する重要な知見が数多く見出されてきています。そのような研究は、ヒト以外の動物にも写真や動画映像を外界のイメージとして理解できることが大前提となっているのです。

●映像プレイバック？

写真を実物と見間違えたり、写真とわかっていても写っているものと実物の対応をつけることができる、といった能力を利用して、おもしろい実験方法も開発されています。野外にすむ動物に対して、草むらなどに隠しておいたスピーカーからターゲットになっている個体に別の個体の音声や天敵（捕食者）の声を聞かせて、そのときの反応を観察するのです。この方法は「音声再生（プレイバック）実験」と呼ばれており、動物行動学ではよく用いられます。最近では、これの映像版も開発され

図3-9
写真のバナナと実物の石ころや写真の石ころを見せたら、ヒヒは写真のバナナを食べてしまった

ているようです。人呼んで「映像再生（ビデオプレイバック）実験」。例えば、鳥類や魚類を対象に、同種の他個体の映像をビデオで見せて、そのときのなわばり防衛などの社会的な反応を見るといった研究が、ビデオ機器の進歩によって数多くなされるようになってきました。

ただし、気をつけないといけないのは、いくら最新鋭のビデオといっても、それはヒトの視覚系に合わせたかたちでつくられているということです。ですので、私たちとは異なる視覚能力をもつ（したがって異なる視覚環境に暮らす）動物に、映像再生実験をおこなう場合には細心の注意が必要なのはいうまでもありませんね。色の見えかた1つをとってもずいぶん違いはあるのですから（34ページ「3 - 1 色が見えるのはヒトだけ？」参照）、ヒト用に色調整されたテレビがどんなふうに見えているかは本当のところはわかりません。また、テレビは1秒間に30枚の静止画像が次々に出てくるしかけになっています。私たちには滑らかに動いて見えますが、ハトなどの鳥類は情報の処理がずっと高速なので、ギクシャクしたコマ落ち映像のように見えているのではないかという話もあります（39ページ「3 - 2 かたちはヒトと同じように見分けがつくの？」、43ページ「3 - 3 目の錯覚があるのはヒトだけ？」、48ページ「3 - 4 見えないものが見える？」、70ページ「3 - 9 絵はわかる？」などの項目も参照してください）。

3-6 顔はどんなふうに見える?

●京都大学霊長類研究所　友永雅己

私たちヒトは、顔からたくさんのことを読み取っています。私たちは、他人の顔から、その人が誰であるか、年齢はいくつくらいか、男なのか女なのか、はたまた健康なのかそうでないのか、といったさまざまな情報を得ることができます。さらに、表情からはその人がいまどんな感情を抱いているのか、そして視線からはいまどんなことに興味があるのか、といったことまでわかります。このように、顔はコミュニケーションのツールとして、日々の生活で欠かせない働きをしています。

●顔は「全体的処理」される

これまでの膨大な研究の結果から、顔は、それをどのように知覚し認識するかといった点において、ほかのものとはかなり違うのではないかということがわかっています。顔は、目と鼻と口といった特徴的なパーツから構成されています。私たちが顔を見るとき、その個々のパーツに注意を向ける、というよりは、目は鼻の上にあって水平に並んでおり、口は鼻の下にある、といったような、各パーツの間のレイアウトそのものに着目しているのです。このような顔の見かたは「全体的処理」と呼ばれることがあります。つまり私たちは、顔を個別の特徴の寄せ集めとして見ているのではなく、全体的なまとまりとして見ています。

ですので、このレイアウトが崩れてしまうと、顔の認識は非常に難しくなります。顔のレイアウトを崩す最も手っ取り早い方法は、上下をひっくり返すことです。上下逆さまの顔を見ると、私たちは、一瞬ではそれが誰であるかわからないことがよくあります。このような現象は、「倒立効果」と呼ばれています。おもしろいことに、顔以外の車や家の写真などでは、このような「ひっくり返るとよくわからない」という現象はおきないことも知られています。

倒立効果を示す最も劇的な例は、「サッチャー錯視」と呼ばれる現象です。もともとは1980年代の英国の女性宰相、故マーガレット・サッチャー女史の顔写真が使われていたのですが、ここでは不肖私の顔で再現してみましょう（図3‐10）。私の顔写真が2枚並んでひっくり返して載っています。向かって左の顔のほうが少し変な表情をしているような気もしますが、さほど違和感はないでしょう。でも、この本を上下ひっくり返してこの写真を見てください。元は左にあった私の顔は、とんでもなく不気味な形相をしています。上下ひっくり返っていた場合には、ここまで不気味な表情は見えていなかったのではないでしょうか。このサッチャー錯視も、顔の認識が全体的処理によってなされていることを強く印象づけてくれますね。

●どうやって調べるの?

では、ヒト以外の動物にとって顔はどのように見えているのでしょうか。イヌやネコにも表情がありますから、顔が彼らにとっても重要なコミュニケーションの手段として用いられていることは明らかでしょう。では、彼らにも倒立効果やサッチャー錯視が見られるのでしょうか。ヒト以外の霊長類ではこの点について研究が進んでいます。

例えば、チンパンジーなどでは次のような問題で顔の知覚をテストします。初めにチンパンジーにAさんの顔（チンパンジーでもヒトでもかまいません）を見せます。次に2枚の顔写真が現れます。そのうち1枚はさっき見せたのと同じAさんの顔、もう1枚は別の個体の顔です。チンパンジーが初めに見た顔（「見本刺激」といいます）

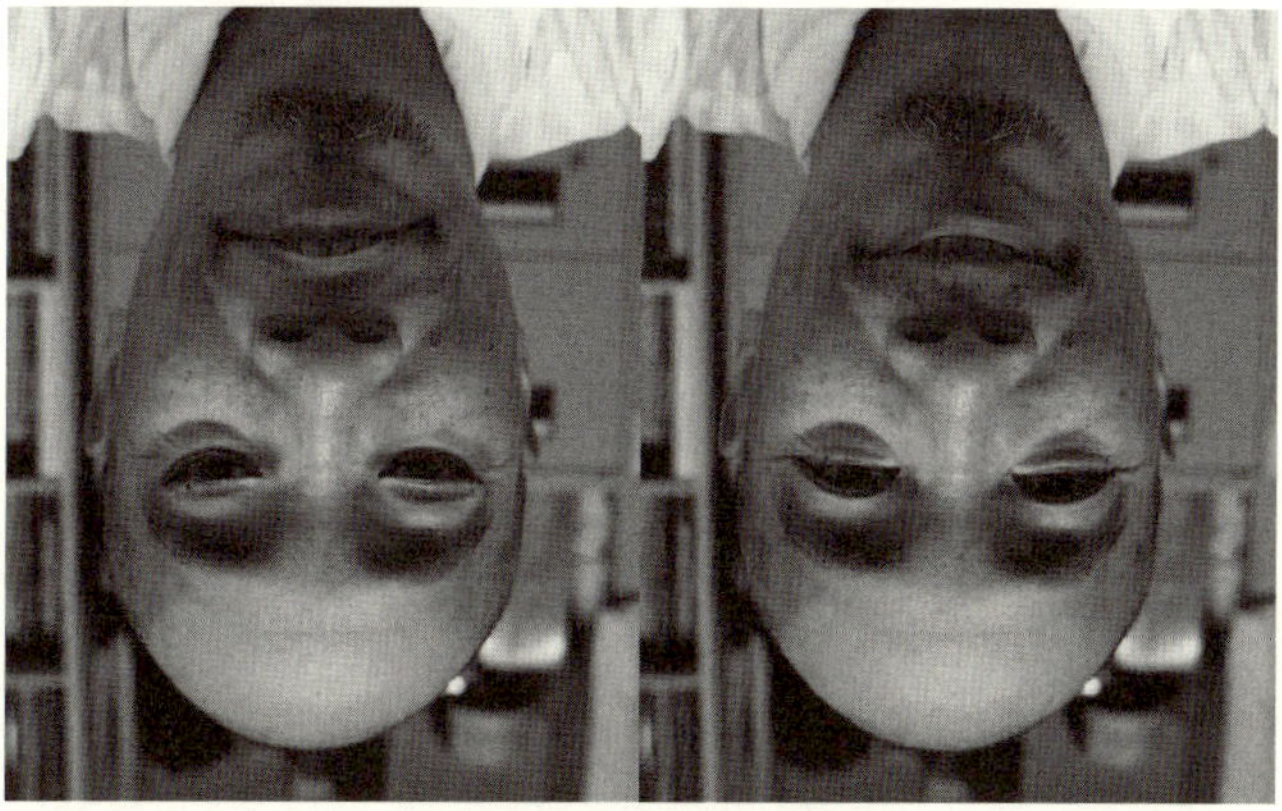

図3-10
サッチャー錯視の例。本をひっくり返すと不気味な顔が現れる

と同じ個体の顔を選択すれば、チャイムが鳴ってご褒美の食物を得ることができます。このような課題を「見本合わせ課題」と呼びます。この課題を用いて、ときどき上下がひっくり返った顔を見せるのです。その結果、上下ひっくり返った顔の知覚がひっくり返っていない顔の知覚よりも難しいことがわかってきました。また、たくさんの顔写真のなかから1枚顔の向きが違うものを選ぶという、「間違いさがし」のテスト（「視覚探索課題」といいます）をしてみると、上下がひっくり返っていない顔のほうがひっくり返った顔よりも見つけやすいことがわかったのです。このようにチンパンジーでも倒立効果が生じているのは明らかです。彼らも私たちヒトと同じように顔を各パーツのレイアウトに注目して見ているのです。

では、それ以外の霊長類ではどうでしょうか。数多くの研究がなされているのですが、倒立効果が出たり出なかったり、結果にばらつきがあるようです。それでもやはり、近年になって、ニホンザルといったサルたちも顔を全体的に処理しているのではないか、という考えが優勢になってきています。その一例としてニホンザルの仲間であるアカゲザルでは先に紹介したサッチャー錯視が生じることが、京都大学霊長類研究所の足立幾磨らによって報告されています。

ただし、顔がすべての動物種において等しく重要であるとは限りません。おそらく種によってその重要度は違うはずです。その重要度の違いが顔の見かたに影響をおよぼす可能性は十分ありそうです。霊長類でも、「原猿類」と呼ばれる仲間では、もしかすると、顔の認識の様式が私たちとは違っているかもしれません。ハトは、ヒトの顔の識別をおこなう際、全体的処理ではなく、個々のパーツに着目するようです。イヌは飼い主の顔を識別するという報告があります。ブタは同種他個体の顔を識別できるそうです（200ページ「6-4 仲間の見分けはどうやって？」参照）。イルカはトレーナーを顔で区別しているのでしょうか？　広く動物界を見渡したとき、顔の見かたについてはまだまだわからないことがたくさんありそうです。

3-7 音はどのくらい聞こえるの？

●金沢大学人間社会学域人文学類　谷内　通

私たちはさまざまな音に囲まれて生活しています。いま仕事部屋にいる私には、風の音、窓にぶつかる雨の音、自分がキーボードを叩く音、ファンヒーターの音、隣の部屋から漏れてくる話し声が聞こえています。ふつうに考えれば、これらが私を取り巻く環境に存在している音のすべてであるように思われます。しかし、実際には、そうではありません。

●聞こえる音、聞こえない音

音刺激とは、空気の密度変化の波で、「音波」と呼ばれます。この音の波が耳の鼓膜を振動させ、その振動が「蝸牛」と呼ばれる器官で神経に伝えられる情報に変換され、脳の聴覚中枢に送られて音として認識されます。緩やかな波は低い音、細かな波は高い音として知覚されます。ヒトは、低い音は約20ヘルツ（20ヘルツは1秒間に音の波が20回繰り返すことを意味します）から、高い音は2万ヘルツまでの音をとらえることができます。ヒトの会話に用いられる２００ヘルツから８０００ヘルツの高さの音は特に敏感にとらえることが可能です。20ヘルツよりも低い音や2万ヘルツよりも高い音は、空気の波としては存在していたとしても、音としてとらえることはできません。つまり、環境内に存在している空気の波の一部の範囲だけを私たちは音として聞いていることになります。

高齢になると「耳が遠くなる」といわれますが、聴力全体が同じように衰えるわけではありません。高い音は比較的若いころから聞こえにくくなります。電子機器で使用される高音の電子音は高齢者には聞こえにくくなります。最近の家電製品のアラームは、高音と低音の両方が含まれるようなメロディを使用することで、高齢者にも聞き取りやすいように工夫がなされています。また、２００６年にイグ・ノーベル賞を受賞した「モスキート音」は、聴力の加齢による低下を逆に利用したもので、20代までの若者以外には聞こえにくい１万７０００ヘルツ程度の不快な高音を発生させることで、店の前や公園にたむろする若者のみを排除しようとした技術です。しかし、若者も負けておらず、このモスキート音を着信音に使うことで、年長の教師に気づかれないように授業中に携帯電話を使用することが流行したそうです。

●超音波の聞こえる動物もいる

ヒト以外の動物は、ヒトとは異なる範囲の音を聞いています。ハトやトカゲはヒトよりも狭い範囲の音を聞いているらしく、特に高い音はヒトほどは聞こえません。意外なことに歌をさえずる鳥でも事情は似ていて、インコやムクドリでも1万ヘルツ以下の音しか聞こえないようです。イヌやネコ、あるいはラットなどの哺乳類は、低い音はヒトよりも少しだけ聞こえにくいのですが、高い音についてはヒトよりもはるかに敏感です。調べかたにもよりますが、イヌで4万ヘルツ以上、ネコで7万ヘルツ以上、ラットで7万ヘルツくらいの高音まで聞こえることを報告した研究があります。ウマやウシも3万ヘルツ以上の音が聞こえています。2万ヘルツ以上のヒトには聞こえない帯域の高音を「超音波」といいますが、これらの動物には超音波が聞こえているのです。「犬笛」と呼ばれる特殊な笛は、3万ヘルツ前後の超音波を出すことができます。この笛の音は私たちには聞こえませんので、まわりの人に気づかれずにイヌにだけこの笛で合図を送ることができるわけです。

●ラットは超音波、ゾウは低周波で会話する

ラットの研究では、彼らには超音波が聞こえるだけでなく、どうやら超音波帯域を使ってコミュニケーションをしているらしいことがわかってきています。ラットはケンカに負けたあとや危険が迫っているときには2万2000ヘルツくらいの長い発声をおこないますが、ラット同士が出会ったときは5万ヘルツくらいの短い発声が交わされます。これらの鳴き声は超音波帯域ですので私たちには聞こえませんが、「バットディテクター（コウモリ探知機）」と呼ばれる比較的簡易な装置を使うと、超音波帯域の音を私たちにも聞こえる音へと変換してくれます。飼育ケースのなかでラットを出会わせると、私たちには何も聞こえず、お互いに黙ったままにおいをかぎ合っているようにしか見えませんが、バッ

トディテクターを向けると「チュ、チュ、チュビッ」と盛んに鳴き交わしているのを聞くことができます。

ラットが超音波でコミュニケーションをおこなうのとは反対に、アフリカゾウは5ヘルツから20ヘルツくらいの低周波帯域で互いに鳴き交わすことが知られています。低周波の音は遠くまで届くので、遠く離れた個体や集団の間でコミュニケーションをおこなっているといわれています。ヒトを含む多くの動物はこのような低い音は聞こえないか感度がとても鈍いため、ゾウが互いに鳴き交わしている声についてはほとんど聞こえません。このように、我々ヒトが知覚できない帯域にも音は存在しており、さまざまな動物はこれを認識できるだけでなく、コミュニケーションにも使用しているのです（図3－11）。

図3-11
ヒトには聞こえていなくても、ネズミは超音波で、ゾウは低周波で会話をしている

3-8 音楽はわかる？

●金沢大学人間社会学域人文学類　谷内　通

前項の「3‐7　音はどのくらい聞こえるの？」で見たように、動物によってはヒトよりも広い範囲の高音や低音を認識し、コミュニケーションにも使用しています。では、動物たちは音楽も楽しむことができるのでしょうか？　音を聞くのに必要な聴覚さえあれば、音楽が聞こえるのは当たり前のことのように思われます。ところが、「音が聞こえること」と「メロディが聞こえること」は話が違い、どうやらヒト以外の動物はメロディを認識することが難しいようです。

●メロディの認知

ヒト以外の動物におけるメロディ認知の初期の研究では、ムクドリやフサオマキザルに人工的につくった曲を識別させる実験をおこないました。確かにこれらの動物は、2つの曲を識別して正しく答えることができるようになったのですが、同じメロディであってもこれを構成する音を全体に高く、あるいは低くなるようにキーを変えると、どの曲だかわからなくなってしまいました。私たちはよく知っている曲がキーを変えて違う高さで演奏されていてもどの曲か容易にわかりますが、この現象を「移調」といいます。先の実験ではムクドリやフサオマキザルは、移調を示さなかったわけです。

当然のことですが、これらの実験に使用された音そのものは、ムクドリやフサオマキザルに聞こえるものでした。音が聞こえるのにメロディがわからないということはどういうことでしょうか？ この問題を考えるには、「絶対ピッチ」と「相対ピッチ」の違いを知る必要があります。絶対ピッチとは、その音がもっている音の高さそのものです。これに対し、相対ピッチとは、ある音から別の音へ移行するときの「音の高さの変化」のことです。相対ピッチを知覚すると、音から音への一連の変化がつくりだす「輪郭」を認識することができます。一連の音から輪郭としてのメロディを認識すると、キーが変わって全体的な音の高さが変化しても輪郭は変わりませんので、同じメロディとして安定して認識されます。これが移調のメカニズムです。ヒト以外の動物はこの相対ピッチの認識が苦手で、音楽を「特定の高さの音の連なり」として認識する傾向が強いのです。このため、キーが変化すると、個々の音は元の曲とは変わってしまうので、同じ曲として認識されないのです。動物における相対ピッチの知覚を示した例外的な研究もいくつかありますが、ヒト以外の動物は一般的に、曲を個々の音の連なりとして認識する傾向が強いといえます。音が聞こえるからといって、メロディが聞こえるわけではないのです。

●動物も音楽が好き?

ヒトと音楽の関係については、メロディ認知の問題のほかに、その強い嗜好性をあげることができます。勉強中のBGMとして、コンサートホールで、インターネットの動画サイトで、CDやDVDを購入して、私たちは音楽に触れようとします。音楽が生物としての生存に直接的に役立っているようには思われないにもかかわらず、私たちが音楽に強い嗜好性をもっているというのは、改めて考えてみると不思議なことです。

ヒト以外の動物も音楽に対する嗜好性をもつのでしょうか? 慶応大学の渡辺茂らは簡単な方法で音楽がもつ報酬としての効果をブンチョウで確認することに成功しました。実験箱のなかには3つの止まり木があり、それぞれの止まり木に音楽を割り当てます。例えば、左に止まると作曲家Aの曲が流れ、中央に止まると作曲家Bの曲が流れ、右に止まると何も流れなかったり、ノイズが流れたりするようにしました。この方法でブンチョウの好みをテスト

図3-12
ブンチョウはバッハなどの曲の流れる止まり木を好んだ

した結果、何も音楽が流れない止まり木やノイズが流れる止まり木よりも、バッハなどの曲が流れる止まり木に好んで止まることがわかりました（図3-12）。そのあとに同様のテストがラットやサルやキンギョでおこなわれましたが、音楽に対する嗜好性は確認されませんでした。

音に対する好みという点では、「和音」の問題もあります。複数の音を同時に鳴らしたときに心地よく感じられる組み合わせを協和音、不快に感じられるものを不協和音といいます。ヒトでは生後間もない赤ちゃんでも協和音を好むことが知られています。協和音は動物にとっても心地よく感じられるのでしょうか？　これまでに、ブンチョウやホシムクドリ、あるいはニホンザルが、協和音と不協和音を識別できることが報告されています。好みについては、5ヶ月齢のチンパンジーや孵化したばかりのニワトリの雛も不協和音よりも協和音を好むことが示されています（図3-13）。

しかし、ヒトやヒト以外の動物の一部で音楽や協和音がなぜ好まれるのか、その理由についてはまだよくわかっていません。この問題について明らかにするためには、どのような動物が和音や音楽を認識し、好みをもつのかについて、さらに研究していく必要があります。

図3-13
ヒヨコは協和音のメロディを好んで近づいた

3-9 絵はわかる?

京都大学霊長類研究所　脇田真清

アルタミラ洞穴の壁画から現代ポップアートまで、ヒトはいろいろな絵を描いてきました。リアルな細密画もあれば、理解不能な抽象画もあります。小学生が描くような下手な絵だと思ったら、実はミロの『絵画』という作品だったりします。

モネとピカソを区別したハト

ところで、動物は絵を理解するのでしょうか?

かつて慶応義塾大学の渡辺茂らは、モネとピカソの絵を区別するようハトに訓練しました。ハトが絵を区別できるようになったあとで、訓練のときに使わなかった絵を見せたり、絵を白黒にしたりぼかしたりしても、モネとピカソの絵を区別できました。つまり、ハトが2人の絵を区別できたのは、訓練のときに絵を丸暗記したり、色使いや部分的な輪郭を手がかりにしたりしたからではなく、「モネっぽい」絵と「ピカソっぽい」絵の区別というルールを獲得したからだといえます（図3-14）。さらに、ルノアールやブラックなど、ほかの画家の絵を見せたところ、ルノアールの絵をモネの絵であるかのように、ブラックの絵をピカソの絵であるかのように判断しました。ヒトは、モネの描いた絵を印象派だとか、ピカソの描いた絵をキュビズムだとかといった画風で分類しますが、この結果は、ハトの獲得したルールが、あたかもこうした分類に対応するかのようです。

また、絵の上下を反転すると、ピカソの絵はピカソだと判断したのに、モネの絵をモネだとは判断しなくなりました。つまり、ヒトにとってもハトにとっても、ピカソの絵は何が描かれてあるのかがわかりにくく、絵が逆さまになっていることに気づかなかったのかも知れません。一方、逆さにして「モネの絵ではない」と判断されたことは、例えば、絵の中央に描かれた人物を、ハトが意味のある図形と認識していた可能性を示唆しています。

図3-14
ハトにもピカソよりモネの絵のほうがわかりやすい？

●写真と絵の認識の違い

それでは、写真のなかの人物や動物を、ハトはどのように見ているのでしょうか？ヒトにとっては、写真に写っていても、絵に描かれていても、人物は人物です。ところが、頭や手足や胴体の位置関係がばらばらになって、頭から足が生えていると、もはや人物とは思わなくなります。

渡辺は、ハトを訓練して、まず写真に写った人物やハトを認識させました。その後、頭や胴体などの位置関係がばらばらになった写真を見せたところ、それらを人物でもハトでもないと判断しました。また、初めて見る写真でも、体の位置関係が正しければ、それらが人物やハトであると判断しました。

では、絵に描かれた人物やハトはどうでしょう？　漫画の『サザエさん』の登場人物のなかからサザエさん、『レース鳩０７７７（アラシ）』に出てくる鳥の絵のなかからハトを認識するように訓練したハトで実験しました。

その結果、体の位置関係がばらばらになった絵を見せても、サザエさんやハトは認識されたのですが、体の位置関係が正しくても、初めて見る絵ではサザエさんもハトも認識されにくいことがわかりました。つまり、絵に描かれた人物やハトは、顔や胴体など一部の特徴で判断されていたことになります。だから、初めて見る絵に描かれたサザエさんの顔が、訓練のときに見た顔と同じでなければサザエさんではなくなり、ハトがばらばらになった絵で、頭から足が生えていても、訓練のときに見た頭が描かれていればハトになるのです。

どうやら、ハトにとって絵と写真は違うようです。もっとも、漫画は、実際には存在しない輪郭「線」で描かれているうえに、顔の表情や頭の大きさなどがデフォルメされています。漫画に限らず、ヒトの描く絵はヒトにしか意味がないのかもしれません。ですから、例えば、ハトがモネの絵のどこにどんな図形が描かれているかがわかっても、中央の白い図形が人物を表しているとは思わないでしょう。

ちなみに、ドイツのマックス・プランク進化人類学研究所のニールセンらは、自然の風景のなかに動物のいる写真を見せても、アカゲザルは風景写真として写真全体を認識するのではなく、写っている動物の目や草むらのシミのような模様など、ごく一部の特徴しか見ていなかったと報告しています。進化的にヒトに近いサルよりも、遠いハトのほうがヒトに似た写真の見かたをするのは、おもしろい現象ですね。

●どこに着目するかで見かたも変わる

さて、読者のみなさんがミロの『絵画』を見たとしましょう。線で描かれた無意味な模様などが気になった人は、この絵を下手だと思ったでしょう。一方で、この絵の画風がミロ本人のものかどうかを調べようとした人は、筆遣いなどの細部を注意深く見たはずです。渡辺の最近の研究によれば、ハトも、上手か下手かで絵を区別するときには、形のまとまりのような全体的な特徴を手がかりにするそうです。また、絵を浮世絵や印象派絵画といった画風で区別するときは、ハトも輪郭線がどれほど細密に描かれているかなどのような、部分的な特徴を手がかりにするそうです。つまり、評価のポイントが変わると、ヒトもハトも見かたを変えるのです。

これまで紹介してきた研究で、ハトがヒトと似たような見かたで絵を区別することがわかりました。しかし、ハトが絵を見てどのように感じているかは、いまのところわかっていません（図3-15）。絵の違いがわかることと、絵が好きなことや絵を美しいと思うことが別なことは、みなさんもおわかりだと思います。

それでは、絵を見て美しいと感じる動物はいるでしょうか？　近い将来、動物との比較研究によって、ヒトが美しいと感じる心の起源が明らかになるかもしれません。

図3-15
ハトはこんな抽象画を描くかもしれない

第4章 動物だっていろいろ学ぶ

4-1 動物たちの学びかた

●同志社大学心理学部　青山謙二郎

水族館でイルカやアシカのショーを見たことのある人なら、ヒト以外の動物だって学ぶことをご存じだと思います。ここでは動物たちがどんなふうに学ぶのか、いくつか紹介します。

●動物とヒトを比べてみると

クイズです。①から③の動物たちの学びかたは、ⓐからⓒのヒトの学びかたのどれと同じパターンでしょう？

まずは動物たちの学びかたです。

①アメフラシという軟体動物（カタツムリの仲間ですが、貝殻はありません）は、体からエラを出しています（図4-1）。体の別のところ（図の矢印のあたり）を軽く触わると、エラを引っ込めます。しかし、何度も触っていると、やがてエラを引っ込めなくなります。

②イヌはベルの音を聞いても唾液を出しません。しかし、

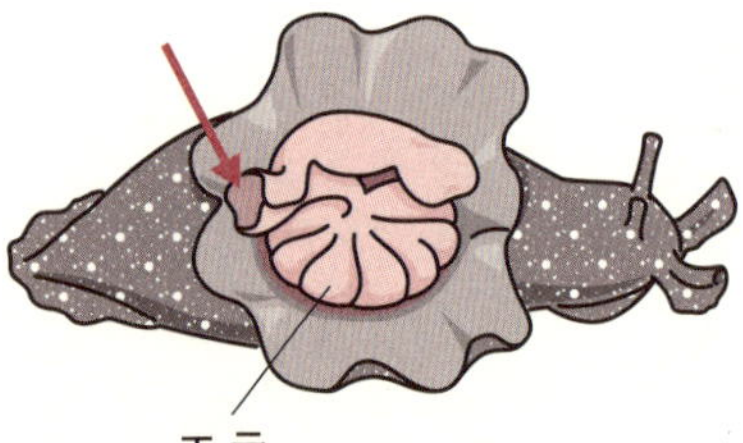

図4-1
アメフラシ

ベルの音を聞いた直後に肉をもらうという経験を繰り返すと、やがてベルの音を聞いただけで唾液を出すようになります。

③お腹を空かせたネズミを実験用の箱に入れます。なかにはレバーがあり、レバーを押すと小さな餌粒が出てきてネズミはそれを食べることができます（図4‐2）。最初のうち、ネズミはレバーを押しません。しかし、箱のなかでうろうろしている間に偶然レバーを押すことがあります。そしてレバーを押すと餌が出てくるという経験を繰り返すうちに、やがてレバーを押すことを学びます。

次にヒトの学びかたです。

ⓐ家で勉強しています。外で工事が始まりハンマーの大きな音がすると、びっくりして勉強が中断してしまいます。ハンマーの音は何分かに一度、響きます。1回目にハンマーの音を聞いたときにはとても驚きました。しかし、ハンマーの音を何度も聞くうちに、やがて驚きは小さくなっていきました。

ⓑ白衣を着たお医者さんに注射をされた子どもは、それから白衣を着た人を見るたびに怖

図4-2
レバーを押すネズミ

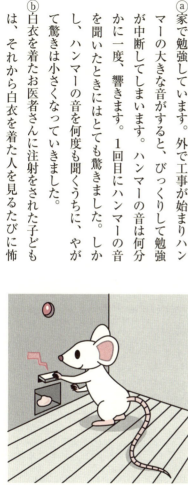

がって泣くようになりました。

ⓒ小さな子どもが、おもちゃを戸棚に片づけました。それを見たお父さんが「えらいね」とほめました。すると、前よりもお片づけをするようになりました。

いかがですか？　①とⓐ、②とⓑ、③とⓒが同じパターンです。

①とⓐはどちらも、同じ刺激（アメフラシは触れられること、ヒトはハンマーの音）を何度も経験するうちにその刺激に対する反応（エラを引っ込めることや驚くこと）が弱くなっていきました。このことを「馴化」と呼びます。馴化は学びかたの最も単純なものです。単純ですが大切です。もし、ハンマーの音に馴化しなければ、いつまでたっても勉強に集中できません。なお、馴化とは反対に、刺激が繰り返されるうちに反応が強くなる場合もあり、これを「鋭敏化」と呼びます。これは刺激が強いときにしばしば生じます。

②とⓑが同じパターンであることがわかりますか？　ここでベルの音や白衣のようにもともとは特別な反応を引きおこさない刺激を「条件刺激」と呼びます。ベルの音を聞いても唾液は出ませんし、白衣は怖い刺激ではありません。一方、肉や注射の痛みのようなもとから反応を生じさせる刺激を「無条件刺激」と呼びます。そして動物もヒトも、条件刺激と無条件刺激がセットになって与えられるという経験を繰り返すと、やがて条件刺激に対していままで見られなかった反応を示すようになります。ベルの音を聞いただけで唾液が出るようになり、白衣を見ただけで怖がるようになるのです。これを「条件反応」とい

います。有名なパブロフのイヌの話だというのはおわかりですね。この学びかたを「古典的条件づけ」と呼びます（「パブロフ型条件づけ」とも呼びます）。

③と©はどちらも行動をすることでご褒美がもらえるというパターンです。専門的には「オペラント条件づけ」と呼びます。「道具的条件づけ」と呼ぶ場合もあります。水族館のイルカが曲芸を覚えるのもイヌが「お手」を覚えるのもオペラント条件づけによります。ご褒美をもらうと、その行動を頻繁におこなうようになります。反対に何か行動をしたあとで悪いこと（罰）が生じるとその行動は減少します。これもオペラント条件づけのなかに含まれます。ですからオペラント条件づけは、行動をして、そのあとに何か（ご褒美や罰）が生じて、もともとの行動が生じやすくなったり反対に生じにくくなったりすることです。

この本には、馴化、鋭敏化、パブロフ型条件づけ、オペラント条件づけによって動物が学んでいく例がたくさん出てきます。ヒトもそれ以外の動物も、これらの学びかたを通して、環境に適応しているのです。

4-2 ムチは効く？

●大阪市立大学大学院文学研究科　佐伯大輔

子どもはほめて育てろ、叱ってはいけない、などとよくいわれますが、実際に子どもを叱ったことのない親はほとんどいないでしょうし、ペットのイヌがテーブルの上のものを勝手に食べているのを発見したとき、私たちは、とっさに「コラ！」と叫んで、そのイヌを叱ります。このように、私たちは、いろいろな場面でつい「ムチ」を使ってしまいます。ここでいう「ムチ」とは、相手にとって不快なできごとや有害な刺激などのことです。「ムチ」は行動を変えるのに、どの程度有効なのでしょうか？　動物を対象にした研究で明らかになってきたことから考えてみましょう。

●「正の罰」と「負の罰」

「ムチ」には2つのタイプがあります。1つはその行動が生じたら、いやな刺激（嫌悪刺激）を与えるやりかたで、「ペットのイヌがテーブルの上のものを食べた」ことで叱るのは、このタイプのムチになります。2つ目は、その行動が生じたら、好ましい刺激を取り去る方法です。例えば、ごはんを目の前にしたイヌに「待て」を教えるとき、待てずに動き出すと、すかさずごはんを取り去るのがその例です。心理学では1つ目のタイプを

「正の罰」、2つ目のタイプを「負の罰」と呼んでいます。逆に嫌な刺激を使って、行動を強めることもできます。動物がある望ましい行動をとったときだけ、嫌な刺激を取り去る方法です。私たちが痛み止めを飲むことがその例になります。これは「負の強化」と呼ばれます。正の罰や負の強化で用いられる嫌悪刺激には、大きな音、痛みが伴うような体への衝撃、熱い刺激、冷たい刺激、電気ショックなどがあります。以下では、おもに「正の罰」を中心にムチの効果について説明します。結論を先に述べると、ムチは有効な場合もありますが、さまざまな問題があるため、使用するにあたっては、十分な慎重さが求められます。また、ムチは、何をしてはいけないかを教えるには有効なこともありますが、何をすればよいかを教えるには無力であり、行動を方向づける力は弱いことにも注意が必要です。

●ムチの効果には限りがある

さて、ムチの効果は、何度も与えるほうが強くなります。また、ムチは強いほど効果があります。これら2つの特徴は、自分の経験をふり返ってみてもうなずけるのではないでしょうか。いたずらをしたときに、たまに叱られるよりも毎回叱られるほうが、また、小声で叱られるよりも大声で怒鳴られるほうが、いたずら行動は減りやすくなります。危険な行動、絶対にしてはいけない行動をやめさせるには、この方法は有効です。

しかし、ムチの効果には限界があります。1つは、行動がおこってからムチが与えられるまでの時間が長くなると、ムチの効果は弱くなることです。このことは、望ましくない行動がおこった場合には、すぐに叱らないと効果が弱くなることを示しています。イヌがお留守番の間に粗相をしたとき、帰宅後に叱っても効果は期待できません。

2つ目の限界は、ムチを与えると行動は一時的に減りますが、ムチを与え続けていくと、しだいに行動が回復していくことです。この特徴は、図4-3に示されています。図4-3は、ハトのキーつつき反応に対して、電気ショックを与えた場合の行動の頻度を表しています。キーをつつけば餌が与えられることは、あらかじめ学習させ

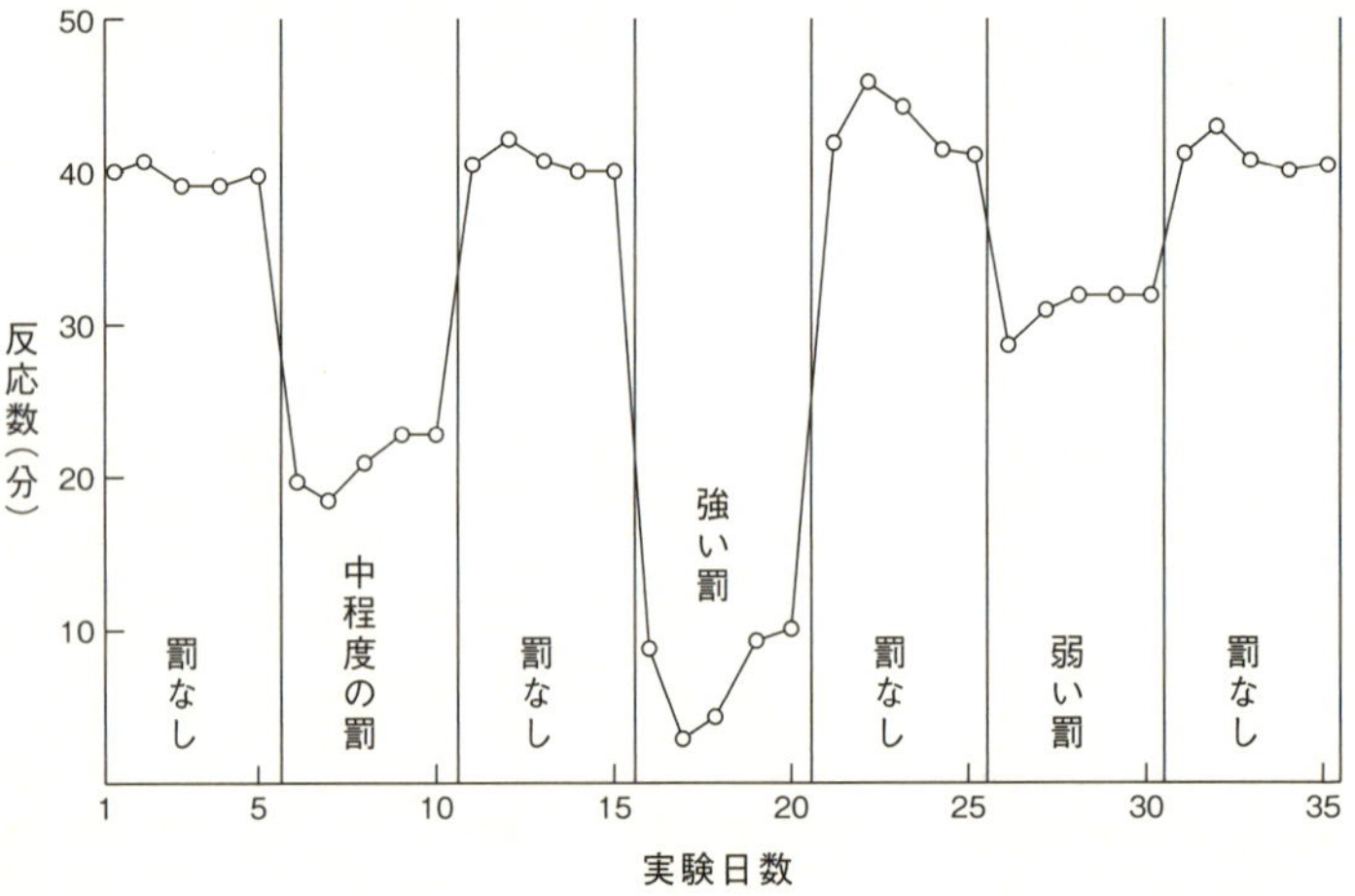

図4-3
ハトのキーつつき反応に対して電気ショックを提示したときの反応数の変化
（G. S. レイノルズ（著）・浅野俊夫（訳）（1978）『オペラント心理学入門―行動分析への道―』サイエンス社のp.122の図9.1を改変）

ています（76ページ「4‐1　動物たちの学びかた」を参照）。図4‐3を見ると、電気ショックが強いほどキーつつき反応は減っていますが、時間の経過に伴って回復するようすがわかります。このことは、毎回同じ強さの怒りかたでは、動物はだんだん慣れてくることを示しています。

●ムチの副作用

さらに、ムチを使用すると、以下のような副作用がしばしば生じます。1つ目は、嫌悪刺激の作用により、動物が感情的になったり攻撃的になったりすることです。ペットのイヌを強く叱ったとき、吠えたり噛みついたりしてくることは、このことを表しています。図4‐4は、2頭のラットがおかれている金属製の床に電気ショックを与えると、互いに相手を攻撃するようすを示しています。

2つ目の副作用として、嫌悪刺激から逃れられない状況におくと、動物は、箇

図4-4
床への電気ショックが他個体への攻撃行動を誘発することを示す写真
(Alan Poling, et al., 1990, "Psychology: A Behavioral Overview (Applied Clinical Psychology)", Plenum Press, New York, p.273.)

単な行動であっても学習できなくなることがあげられます。115ページ「4-10 動物がヘコむとき」でも紹介されていますが、この現象は、「学習性絶望感」と呼ばれています。

右で述べたようなムチの効果を考えると、ムチをうまく使うのは難しいことがわかります。ムチの副作用を理解しないまま、しつけや訓練のために、動物に対して嫌悪刺激を与えることは、動物を無駄に苦しめることになり、動物福祉の観点（242ページのコラム参照）からも問題となります。望ましくない行動を減らすための好ましい方法として、減らしたい行動とは同時におこりえない別の行動を、報酬を用いて学習させることが提案されています。例えば、お散歩中にほかのイヌに吠えかかる癖をやめさせたいとき、この行動がおこりそうになったら、「お座り」などと声をかけて、できたらほめてご褒美を与えることで、吠えかかる癖を矯正することができます。注意しないといけないのは、吠え始めてからこれをしないことです。吠え始めてから「お座り」を何度も繰り返すと、吠える→お座り→ご褒美という関連性をイヌが学習してしまい、逆効果になります。さまざまな学習については、76ページ「4-1 動物たちの学びかた」もご参照ください。

4-3 ご褒美は毎回？

●同志社大学心理学部　青山謙二郎

子どもがお手伝いをして、ご褒美にお菓子をもらいました。そのあとどうなるでしょう？　前よりもお手伝いをするようになります。では、ご褒美は毎回必要でしょうか？　実際にはよいことをするたびに必ずご褒美がもらえるとは限りませんね。それでも子どもはお手伝いをすることを学んでいきます。ギャンブルはどうでしょう？　勝ったり負けたりします。毎回ご褒美をもらえるとは限りません。しかし、のめり込んでしまいます。

●ご褒美がなくても学べる？

ご褒美を毎回もらわなくても学ぶことができるのはヒトが特別に賢いからでしょうか？　実は、ヒト以外の動物たちも同じように学ぶことができます。何か行動をしたときにご褒美を与えることを「強化」と呼びます。そして、行動をしたときにどのように強化するかというルールを「強化スケジュール」と呼びます。ここでは代表的な強化スケジュールを4つ紹介しましょう。

1つ目は、行動を決まった回数するたびに強化を与えるというルールです。「固定比率スケジュール」と呼びます。固定比率というのは英語のFixed Ratioのことで、省略して

「ＦＲ」と表します。ＦＲスケジュールの具体的な例を説明します。お腹の空いたネズミを実験用の箱に入れます。箱のなかのレバーを押すと小さな餌粒が出てきます。やがてネズミはレバーを押して餌を食べることができるようになります（76ページ「４‐１ 動物たちの学びかた」参照）。ネズミが上手にレバーを押すようになったら、こんどはレバーを押すたびにご褒美をあげるのはやめて、決まった回数押さないと餌が出ないようにします。例えばＦＲ２という条件では、レバーを2回押すと1回餌が出ます。ＦＲ10では10回押すと餌が出ます。ＦＲ１００ではレバーを１００回押してやっと餌がもらえます。

ＦＲスケジュールで訓練された動物は特徴のある反応パターンを示すようになります。餌をもらった直後に反応をしばらく休むのです。餌が出てきたら食べますから、その間はレバーを押しません。でも食べ終わったら休まずすぐにレバーを押してもよさそうですよね。しかしその後しばらくの間はレバーを押さないのです。休憩は、餌をもらうまでに必要な反応数が多いほど長くなることがわかっていて、何分も休むこともあります。

もう１つ別の強化スケジュールを紹介します。こんどは「固定比率」ではなく「変動比率スケジュール」です。英語ではVariable Ratioで「ＶＲ」と呼びます。これは「平均して」ある回数の反応をするとご褒美がもらえるというルールです。ネズミがレバーを押して餌をもらう実験で説明しましょう。例えばＶＲ10では、平均して10回レバーを押す行動をするたびに餌がもらえます。ただし毎回10回の行動というわけではありません。１回だけレバーを押して餌がもらえることもあれば、20回押してやっともらえることもあり、平均すると10回に1回餌がもらえるというものです。VR20では、平均して20回行動をするたびに、VR100では平均して100回の行動のたびに餌がもらえます。VRスケジュールで訓練された動物は、FRスケジュールと違って、餌を食べたら休まずすぐにレバーを押し始めます。そのようすはまるでギャンブルにハマった人のようです（図4-5）。

●ご褒美と時間の関係は？

ここまで紹介した2つの強化スケジュールは、どちらも行動の「回数」によって決まるものでした。残りの2つは「時間」によって決まります。強化が与えられてからの時間です。1つ目は時間が常に一定です。つまり、一定の時間のあとの行動に強化を与えるというルールです。これが固定間隔スケジュールで、Fixed Interval の頭文字から「FIスケジュール」と呼ばれます。例えば、FI1分では、ネズミが餌をもらった時点から1分間のタイマーが動き出します。1分が経過するまではレバーを何度押しても餌は出ません。そして1分経過したあとの最初のレバー押しに餌を与えます。そこからまた1分間の間隔に入ります。FIスケジュールでも餌をもらった直後には反応に休みが見られます。そし

図4-5
「次こそは！」

て時間が経過するうちにじょじょに反応がたくさん出るようになってきます。FI1分であれば、タイマーが1分となるころに一番たくさんの反応が出ます。

代表的な強化スケジュールの最後の1つは、時間が「変動」します。変動間隔スケジュールで、Variable Intervalの頭文字から「VIスケジュール」と呼ばれます。FI1分ではタイマーが常に1分でしたが、VI1分ではタイマーの時間が不規則に変わります。つまり、タイマーの時間は数秒のこともあれば、5分のこともあるけれど、「平均すると」1分になるようにします。FI1分のスケジュールでは餌が出た直後にレバーを押しても餌はもらえません。一方、VIスケジュールでは、餌が出た直後にレバーを押すとまた餌がもらえる場合があります。タイマーが数秒のこともあるからです。VIスケジュールでは餌をもらった直後に休憩は生じません。そして中ぐらいのペースで安定して行動が生じるようになります。実は「安定した行動が見られる」という性質が研究をするうえで便利なので、この本の多くの実験でVIスケジュールが用いられています。

このように、代表的な4つの強化スケジュールは、「回数か時間か」と「固定か変動か」の2×2でできあがっています。

●ご褒美がもらえなくなったらどうなる?

行動するたびに毎回ご褒美がもらえる強化スケジュールを「連続強化スケジュール」と

呼びます。それに対して先に紹介した4つのように、一部の行動だけにご褒美を与えるものを「部分強化スケジュール」と呼びます。もし、レバーを押して餌をもらうことができるようになったところで、レバーを押しても餌を与えない条件に変えれば何がおきるでしょうか？　じょじょにレバーを押さなくなっていきます。これを「消去」と呼びます。では、連続強化スケジュールで訓練された動物と部分強化スケジュールで訓練された動物を比べたときに、消去でしつこくレバーを押し続けるのはどちらだと思いますか？

　意外なことに、答えは部分強化で訓練を受けた動物です。ヒトも部分強化のあとのほうが消去でしつこく行動を続けます。お手伝いをするたびに連続強化でご褒美を与えていると、ご褒美をあげるのをやめたとたん、子どもはすぐにお手伝いをしなくなってしまいます。一方、お手伝いに部分強化でご褒美を与えていれば、ご褒美がもらえなくなっても子どもはお手伝いをすぐにはやめません。子どもがおもちゃ屋さんの前で「買ってー！」と大きな声をあげて駄々をこねます（図4-6）。親は甘やかしてはいけないと思って買い与えません。しかし何回も続くとかわいそうになってつい買ってしまいます。これは、駄々をこねる行動を部分強化で訓練していることになります。その場合、親は子どもの駄々をこねる行動がしつこく持続するように訓練してしまっていることになります。

図4-6
駄々をこねる子ども

4-4 動物もゲンを担ぐ？

●流通経済大学流通情報学部　井垣竹晴

みなさんはゲン（験）を担ぎますか？　そもそもゲンを担ぐって、どういう意味でしょう？　ゲンを担ぐとは「縁起や迷信にとらわれる」ことを意味します。ゲン担ぎ行動には、例えば、試合前に「勝つ」にかけてカツ丼を食べるなど、よいことを期待する行動や、厄除けのお札を買うなど、悪いことを避ける行動もあります。また「夜、爪を切ると親の死に目にあえない」のように、風習や伝統として言い伝えられているものもあります。

ゲン担ぎ行動は、心理学では、「迷信行動」として研究がおこなわれています。迷信行動は、日常生活の多くの行動と少し異なっていて、行動とその後の結果との間に因果関係（原因と結果の関係）がなく、行動のあとにたまたまその結果が生じただけで、その行動ができあがってしまうものを指します。例えば、雨乞いの踊りをおどったあとで、たまたま雨が降ったとしましょう。すると人々は、雨乞いの踊りと雨降りの間にまるで因果関係があるかのように、干ばつのたびに雨乞いの踊りをおこなうようになります。

●ハトのゲン担ぎ行動

実は動物でも似たような行動があるのです。動物の迷信行動は、ハーバード大学のスキナーという心理学者が1948年にハトを用いた実験で明らかにしています。実験では、餌箱の取りつけられた実験箱にハトを入れて、ハトの行動に関係なく、15秒おきに餌を5秒間食べられるようにしました。そうすると8羽中6羽のハトが、繰り返し独特の行動をするようになりました（図4-7）。例えば、あるハトは反時計方向に回ったり、ほかのハトは体を左右にゆすったり、さらにほかのハトは実験箱の上の隅をつつくような動作をしました。

何もしないでも餌をもらえるのに、なぜこのような行動が生じたのでしょうか？ ハトは実験箱のなかでさまざまな行動をします。ある行動のあとにたまたま餌が提示されると、その行動と餌との関係が強められます。これが繰り返されるうちに、その行動が定着してしまったと考えられます。餌が出る直前にしている行動はハトによって異なりますから、それぞれのハトで異なった迷信行動ができあがったのでしょう。スキナーが教室に実験箱を

図4-7
スキナーの実験で見られたハトの迷信行動の例

持ち込んで、授業中にこの実験を再現したところ、独特の迷信行動を示すハトを見て、学生は大いに喜んだそうです。

●ラッキーカラーがわかる

このような単純な迷信行動以外にも、行動の前に出される刺激が重要な役割を果たす迷信行動もあります。これは、だいじなイベントでうまくいったときにたまたま身につけていたものが、幸運のお守りとして機能するような場合で、「感覚的迷信」と呼ばれています。先ほど紹介した迷信行動は、行動と結果の間に因果関係がなかったのですが、この感覚的迷信は行動の前の刺激と結果の間に因果関係がありません。

動物ではモースとスキナーによって1957年にハトを用いて報告されています。ハトは、実験箱の正面に設置された丸いボタン（キー）を、設定された時間（平均して30分間に1回）が経過したあとにつつくことで、餌をもらうことができました（VI30分）（85ページ「4-3 ご褒美は毎回?」参照）。数時間の実験の間、キーの色はほとんどの時間オレンジ色だったのですが、1時間に4分間だけ青色に変化しました。青色になっても、餌の出るタイミングはオレンジ色と同じなので、ハトは同じようにキーをつつくと考えられますね。ところが実際には、青色のときにオレンジ色のとき以上にキーつつきをするようになるハトや、逆にあまりキーつつきをしなくなるハトが観察されたのです。

なぜこのような行動の違いが見られたのでしょうか。おそらく青色のときにたまたま餌が提示されたハトにとっては、青色が、いわばラッキーカラーとして機能し、青色のもとでの行動が増えたのでしょう。一方、青色のときにたまたま餌が提示されなかったハトには、青色がアンラッキーカラーとなり、青色のもとでの行動が減ったと考えられます。

迷信行動は、動物だけでなく、ヒトにおいても実験室で再現されています。特に駒澤大学の小野浩一が１９８７年に大学生でおこなった研究は世界的に有名です。レバーやシグナル灯、ポイント表示のためのカウンターなどが設置された実験ブース（図４-８）で、大学生はポイントをできるだけ上げるように教示されました（実はポイントは行動と無関係にあがります）。すると20人中３人が、レバーを引いたり、実験ブース内のいろいろなものに触れたり（例えば手に持ったスリッパで天井にジャンプして触れる！）と、ハト顔負けの迷信行動を示しました。

このようにヒトと動物の迷信行動に大きな違いはないようです。もし身近に動物がいるならば、彼らがどんな迷信行動をするのか観察してみると興味深いでしょう。

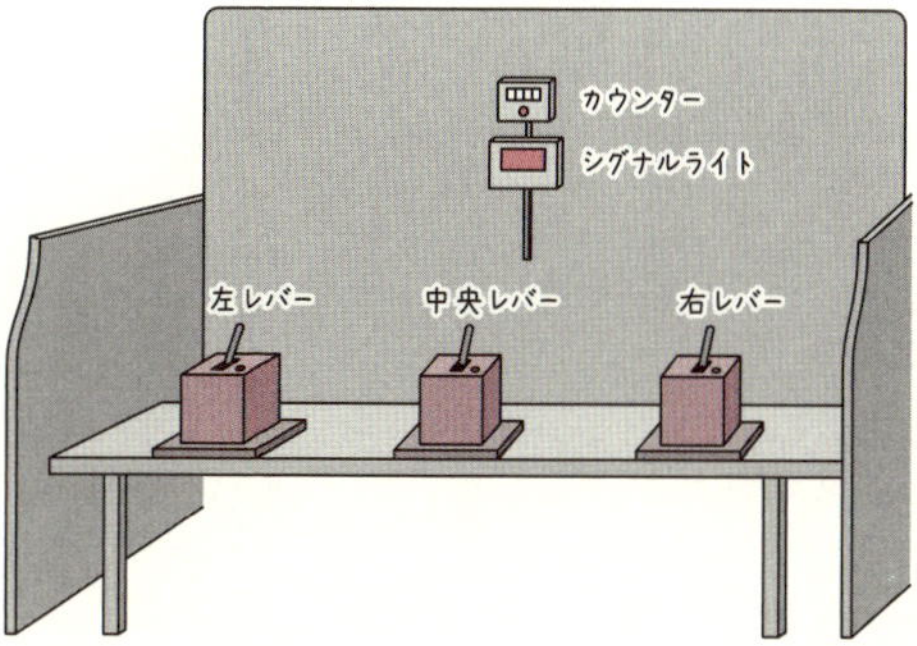

図4-8
小野の迷信行動実験で用いられた実験ブース

4-5 薬はだんだん効かなくなる

●同志社大学心理学部　青山謙二郎

初めてビールを飲んだときはコップ1杯で酔ったが、いまは10杯飲んでも酔わなくなった。これはアルコールという薬を何度も飲むうちに効かなくなった例です。頭痛薬なども何度も飲むとだんだん効かなくなってきます。これにはパブロフのイヌの話が関係しています。

●効かなくなる痛み止め

ご存じの通り、訓練をしていないイヌはベルの音を聞いても唾液を出しません。しかしベルの音の直後に肉をもらう経験を繰り返すと、やがてベルを聞いただけで唾液を出すようになります。ベルの音のようにもともとは特別な反応を引きおこさない刺激を「条件刺激」、肉のように元から反応を生じさせる刺激を「無条件刺激」と呼びます。条件刺激と無条件刺激がセットになって与えられる経験を繰り返すと、やがて条件刺激に対して以前は見られなかった反応（条件反応）を示すようになります。これが「古典的条件づけ（あるいはパブロフ型条件づけ）」です（76ページ「4‐1 動物たちの学びかた」参照）。

では、薬が効かなくなるのに古典的条件づけがどのように関係しているのでしょう。その前に、体のしくみについて説明させてください。体は結構うまくできていて、バランスをとるようになっています。例えば暑くて体温が上がると汗をかいて体を冷やします。薬に対しても同じようなしくみがあります。薬は体のバランスを乱す物質です。ですので、体に薬が入るとバランスをとるために、薬の働きを打ち消すような作用が生じることがあります。例えば痛み止めが体に入ると、痛み止めの効果（鎮痛効果）を打ち消す作用（痛みに敏感になる作用）が生じるのです。

カナダのマクマスター大学のシーゲルは、ネズミで痛み止めが効かなくなる理由を調べました（図4-9）。その実験では、ネズミを少し熱くした（54℃）板の上におきます。しばらくネズミはじっとしているのですが、痛みを感じると足を上げてぺろりとなめます。1つ目のグループでは痛み止めを注射せずに板におきました。これを4回繰り返したところ、ネズミは4回とも10秒ちょっとで足をなめました。

2つ目のグループでは痛み止めのモルヒネを注射してから板におきました。先ほどとは別のネズミたちです。最初は20秒以上足をなめませんでした。この時間が長いことは痛み止めが効いている証拠です。しかし、モルヒネを注射して板におくことを繰り返すと、4回目には

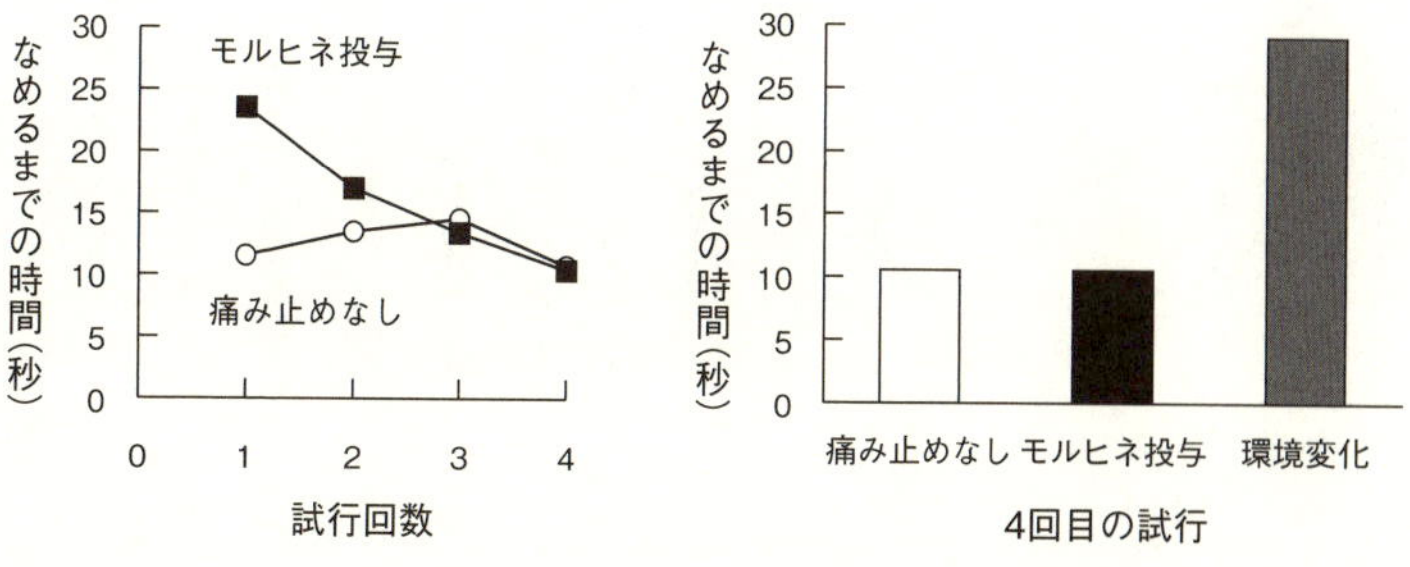

図4-9
左側の図では、痛み止めなし条件とモルヒネ投与条件で、足をなめる時間が4回の試行でどのように推移したかを示す。右側の図は4回目の試行での足をなめるまでの時間を、3条件で比較している

10秒ちょっとまで短くなりました。つまり痛み止めが効かなくなったのです。

シーゲルは、痛み止めが効かなくなったのは古典的条件づけが原因だと考えました。モルヒネが無条件刺激（パブロフのイヌでは肉）です。では条件刺激（パブロフのイヌではベル）は何でしょう。ネズミはいつも飼育室から実験室まで運ばれ、そこでモルヒネを注射されていました。パブロフのイヌが「ベル」を聞いたあとに「肉」がもらえるという関係を学んだように、このネズミは「実験室という環境」に運ばれたあとで「モルヒネ」が体に入るという関係を学んだのです。つまり「実験室という環境」が条件刺激です。そしてシーゲルは、その環境に入れられると鎮痛効果を打ち消す作用（痛みに敏感になる作用）が、条件反応として出るようになったのではないかと考えたのです。この条件反応は、薬による体の「乱れ」を予測し、薬が入るより前に備えておく反応といえるでしょう。そして、条件反応は痛み止めの効果を打ち消す反応ですから、痛み止めが効かなくなるのではないかという仮説です（図4-10）。

●環境変化が反応を回復させる

この仮説について調べるために3つ目のグループが用意されました。このグループでは、モルヒネを別の部屋で3回注射し、4回目だけ実験室で注射しました。最初の3回で「別の部屋」で「モルヒネ」が注射されることを学ぶと「別の部屋」が条件刺激となります。しかし4回目の注射のときはその条件刺激がありません。ですから条件反応も出ません。繰り返しますが、シーゲルの考えは、条件刺激があれば「痛み止めの効果を打ち消す作用」という条件反応が生じ、そのために薬が効かなくなるというものでした。この考えが正しければ、4回目の注射のときには条件刺激がないために条件反応が生じず、したがって痛み止めの効果が打ち消されずにそのまま現れるはずです。実際に3回目まで別の部屋で注射したあとで、4回目だけ実験室でモルヒネを注射して、板にネズミをおきました。すると、ネズミは20秒以上足をなめませんでした。つまり、モルヒネを注射された回数は2つ目のグループと同じ4回でも、注射をする環境を変えただけで痛み止めはしっかり効いたのです。この結果は条件反応が原因で痛み止めが効かなくなるという説を支持しています。もし、薬物に対する代謝が変化するといった原因により効果がなくなったのなら、部屋を替えただけで薬が効くようになるのは変ですよね。

ふだんと同程度しか飲んでいないはずなのに、違う環境で飲んだらいつもより酔ってしまった（アルコールが効いた）という人は多いと思います。環境が変わることでアルコールの作用を打ち消す条件反応が出なくなったせいかもしれません。

グループ	1～3回目		4回目		4回目に関する予測
	環境	薬	環境	薬	
①痛み止めなし	実験室	なし	実験室	なし	痛み止めを注射していないため、足をなめるまでの時間が短い
②モルヒネ投与	実験室	モルヒネ	実験室	モルヒネ	条件刺激あり → 条件反応（痛み止めの効果を打ち消す作用）→ 痛み止めが効かない
③環境変化	別の部屋	モルヒネ	実験室	モルヒネ	条件刺激なし → 条件反応なし → 痛み止めが効く

図4-10

4-6 得意ワザと不得意ワザ

●金沢大学人間社会学域人文学類　谷内　通

「4-2　ムチは効く?」（80ページ）や「4-3　ご褒美は毎回?」（85ページ）で見たように、動物は好ましい結果を得たり、困った事態を避けたりするために新しい行動を学習する能力をもっています。では、学習の機会さえ与えられれば、どんな行動でも獲得できるのでしょうか?

次の「4-7　食べ物の好き嫌いはある?」（102ページ）で見るように、ラットはある食べ物を食べたあとで内臓の不快感を経験すると、その食べ物の味や香りが嫌いになります。「食物嫌悪学習」と呼ばれるこの学習はヒトでも生じます。しかし、中毒を生じさせた食事を食べたお店やBGMの音楽に対しては、嫌悪感はほとんど学習されません。中毒症状の前に経験したという点では、これらの刺激も嫌いになりそうなものです。この現象は、刺激にはもともと結びつけやすいものと結びつけにくいものがあるという意味で、少し難しい言葉ですが「選択的連合性」と呼ばれます。選択的連合性は、食べ物を食べた場所や聞こえていた音といった、自然な場面では中毒症状の原因とはなりにくい対象を最初から排除することによって、学習の対象を中毒症状の原因として可能性の高い特定の刺激に絞り込むという役割をもっているのです。

●教えられても学習できないこともある

どんな行動でも自由自在に学習できるわけではないことを示した別の例としては、ブレランドらが動物にさまざまな芸を仕込む際に発見した有名な報告があります。例えば、正しい行動に対して食べ物を与えることで、アライグマにコインを貯金箱に入れる芸を学習させました。アライグマは、いったんは「貯金」することを学習できたのですが、だんだんとコインを手放すのにもたつくようになりました。さらに訓練を続けると、こんどは両手にもった2枚のコインをこすり合わせ続け、とうとう「貯金」をしなくなってしまいました（図4-11）。いったん獲得された行動がどうしてうまくできなくなってしまったのでしょうか？　これには、学習を通じてコインに対して生じた心理学的な変化が関係しています。最初のうちコインは、アライグマにとって意味のないただの物体に過ぎません。しかし、コインを貯金箱に入れると食べ物がもらえるという経験を何度も重ねると、コインは食べ物が与えられることの手がかりとな

図4-11
コインが食べ物と結びついたことで、貯金をしたいのにこすってしまう、貯金ができないアライグマ

り、食べ物と類似する性質を獲得します。アライグマは食べ物を手でこすり合せる行動を生得的にもっています。この食べ物に対する生得的な行動がコインに対して生じるようになり、うまく貯金ができなくなってしまったのです。このように、動物が生得的にもっている行動が、学習させようとする行動と矛盾する場合には、学習は困難になるのです。この現象は選択的連合性の例と合わせて「学習の生物学的制約」と呼ばれます。

●生活のしかたと得意ワザ

逆に学習が得意になる例もあります。ハイイロホシガラスという鳥は、秋の間に地面に7500ヶ所くらいの穴を掘ってマツの実を隠しますが、食べ物の乏しくなる冬になるとその内の3000〜6000ヶ所からきちんと回収することができるそうです。このカラスは、餌のにおいなどの手がかりが使えないようにして実験しても、場所に関する非常に優れた記憶力を示すことが知られています。

また、大集団で生活するマツカケスと、夫婦と子どもだけで生活するアメリカカケスでは、いくつかの図形に対して定められた序列にしたがって反応することを学習させる実験をおこなうと、大集団で暮らすマツカケスのほうが優れた成績を示します。マツカケスがうまく生きていくためには、集団内での社会的な序列関係を学ぶことが重要なので、これに必要となる序列についての認知能力が特に進化したのでしょう（図4-12）。動物はそれぞれの暮らしかたに必要な認知能力を得意ワザとして進化させてきたことがよくわかる例です。

このように、与えられた学習課題が生得的に備わった行動傾向や得意ワザとして進化させてきた認知能力と合致する場合には、動物の学習は非常にうまく進みます。逆に、進化の結果として身につけた行動傾向や認知能力と矛盾することを学習しなければならない場合には、学習の生物学的制約が生じるようです。学習の生物学的制約は、動物の行動のなかで学習のおよぶ範囲が限定的であることを示す否定的な意味で紹介されることもありますが、そうではありません。環境への適応の結果として進化の過程で獲得された生得的な行動傾向や認知能力と、変化する環境に柔軟に適応するために備わった学習能力がともに働いていることを示す現象なのです。それによって、限られた生涯の間に獲得することが必要不可欠な行動を、短期間に効率よく学習することができるのです。

図4-12
マツカケスは、偉いのは誰か、群れの序列を考える

4-7

食べ物の好き嫌いはある?

●専修大学人間科学部　澤　幸祐

みなさんは、食べ物の好き嫌いはあるでしょうか。食わず嫌い、食べてみたけど好きになれなかったもの、また昔は好きじゃなかったけど食べられるようになったものもあるでしょう。では、動物にも好き嫌いはあるのでしょうか? 動物のなかには、生まれつき限られた食べ物しか食べない種がいます。おもに果物を食べる動物、あるいは昆虫を食べる動物など、生まれついて好き嫌いをもっている動物もいますが、ここでは生まれつきの好き嫌いではなく、経験によってつくられる好き嫌いを紹介します。

●好き嫌いのメリット、デメリット

ヒトは雑食性の動物です。みなさんは肉も野菜も食べられます。これは、生き残るためにはとても便利な特徴です。例えばあなたが、「牛肉しか食べない」としましょう。何かの理由で牛が絶滅してしまったら、あなたは食べる物がなくなってしまいます。雑食性で何でも食べることができるというのは、特定の食べ物がなくなっても別の食べ物を食べることができるという意味で、とても便利です。

その一方で、何でも食べることができることの不便な点もあります。それは、何を食べるか選ばなければならないということです。牛肉しか食べないならば、迷うことはありません。しかし、いろいろなものを食べなければなりませんので、どの食べ物を食べ（好きになる）、どの食べ物を食べないか（嫌いになる）を決めなければなりません。

●好きなものが嫌いになる「食物嫌悪学習」

何を食べるか選ばなければならない状況では、しばしばいままで食べたことのないものに遭遇します。新しい食べ物を食べるときは、最初は少ししか食べないことがあるのではないでしょうか。こうした現象を「ネオフォビア（新奇物忌避）」と呼びますが、動物も同じことをします。ここで、動物研究でよく用いられてきたラットの好き嫌いを紹介しましょう。ラットに人工甘味料を使った甘い飲み物を初めて与えてみます。ラットは甘いものが大好きですが、いきなり甘い飲み物を大量に飲むことはありません。最初は少しだけです。そのあと、だんだんと飲む量が増えていき、水よりも多く飲むようになります。新しい食べ物や飲み物に毒物が含まれていたら、大量に食べると危険です。最初は少しだけ食べてみて、安全であれば食べる量を増やしていくのです。

では、食べ物に毒物が入っていたらどうでしょうか。先ほどのラットに対して、甘い飲み物を飲んだあとに塩化リチウムというお腹を壊してしまう薬を注射してみます。すると、甘い飲み物を飲んだあとにお腹を壊したラットは、それ以後、甘い飲み物を飲まなくなります。これは「食物嫌悪学習」と呼ばれる学習です（図4-13）。甘い飲み物を飲むとお腹を壊すという経験をすると、彼らは大好きだった飲み物が嫌いになってしまいます。みなさんも何かを食べたあとに気分が悪くなって、その食べ物が嫌いになったという経験があるかもしれません。こうした食物嫌悪学習はヒトとラットだけでなく、ニワトリやニホンザル、カタツムリなどいろいろな種で確認されています。毒が含まれるものを食べてしまう危険がある野生動物は、このようにして食べてはいけないものを学習しているのでしょう。

●好きになると甘くなくても関係ない

では、逆に食べ物を好きになるという学習はおこるのでしょうか。先ほど説明した、最初は少しだけ食べてみてじょじょに食べる量を増やすと

図4-13
好きだった食べ物が、「食物嫌悪学習」によって嫌いになることもある

いうのも、食べ物を好きになる学習の1つですが、より積極的に食べ物を好きになる学習を、動物もおこなうことが知られています。バニラやアーモンドのにおいといった新しい風味を甘い飲み物に添加してラットに与えてやると、甘いものが大好きなラットは、このにおいつきの甘い飲み物をたくさん飲みます。こうした経験のあと、このにおいを真水に添加してラットに与えてみると、甘くないにもかかわらず、においつきの水を多く飲むことが知られています。これは「条件性風味選好」と呼ばれる現象で、いわば風味を好きになるという学習です。それまでは好きでも嫌いでもなかったのに、甘い飲み物というもともと好きだったものと一緒に経験すると好きになるのです。ほかにも、新しい風味をカロリーなどの栄養と一緒に経験することで、その風味を好きになることも実験的に示されています。

このように、新しい食べ物の味やにおいは、それを食べたあとに体調を崩せば嫌いになりますし、逆に好きなものや栄養分と一緒に経験すると好きになることがわかっています。また、自分が経験するだけでなく、仲間たちが経験によって獲得した好き嫌いの影響を受けることもわかっています（186ページ「6-1 動物は仲間から学べるか？」参照）。こうした好き嫌いの学習はヒトでも同じように生じ、ヒトや動物が危険な食べ物を避けて安全かつ栄養のある食べ物を摂取するために、重要な役割を果たしています。

4-8 動物ががんばるとき、サボるとき

●専修大学人間科学部　澤　幸祐

勉強をがんばりなさい、仕事をがんばりなさい、といわれることは多いでしょう。できればサボりたいときもあるものです。その一方で、「ここまでがんばったのだから、あと一息！」とがんばれるときもあります。がんばれるときもあればサボりたいときもあるのが人間ですが、動物たちはどうでしょうか。

動物が働く、という状況は想像しにくいかもしれませんが、彼らも食べ物を食べないと生きていけません。野生環境では、動物たちは食べ物を探すためにいろいろな苦労をしています。では、何の苦労もなしに食べ物にありつける状況ならば、どうなるでしょうか。

●タダ飯は欲しくない？

ラットを使った研究を紹介しましょう。ラットを用いた実験では、「レバーを押せばご褒美として食べ物がもらえる」という状況がよく用いられます。そこで、「レバーを押してご褒美をもらってもいいが、何もしなくても同じご褒美は手に入る」という状況をつくります。レバーを押す、という「仕事」をしなくともタダでご褒美を手に入れることができるわけですね。そんなことをしたら、ラットはタダでご褒美をもらうことばかりを好

み、仕事をしなくなるに決まっている……。本当にそうなるのでしょうか。実験してみると、ラットたちは、わざわざレバーを押してご褒美をもらうようになり、タダで得られるご褒美ばかりを選ぶようにはならないのです。

この現象は、「コントラフリーローディング」と呼ばれています。定訳はないのですが、訳せば「逆たかり現象」あるいは「タダ飯拒否現象」とでもなりましょうか。こうした現象は、ハトやフサオマキザルを使った研究でも報告されていますが、ブタを用いた研究などもあります。どうしてタダでご褒美である食べ物がもらえるのにわざわざ仕事をするのでしょうか。いろいろな仮説が考えられますが、そのなかの1つに「食べ物を探索することが環境内の情報を得るのに役立つから」というものがあります。コンビニに行けば食べ物が手に入る私たちとは違って、野生動物にとって食べ物を探すことはとても重要です。食べ物を探して移動しているときに出会ういろいろな出来事は、天敵の居場所や仲間の居場所など新しい情報を与えてくれます。このように、まわりの環境から情報を得ることで生き残る確率が高まるからこそ、動物たちは積極的に「働く」のだ、と解釈されるわけです。

●たくさん働いて得たものほど価値がある?

がんばって働いて何かを手に入れると、とてもうれしいものです。仕事のあとのビールは格別だ、という人もいるでしょう。わざわざレバーを押して手に入れたご褒美は、動物たちにとって格別なものでしょうか？　アメリカのケンタッキー大学のゼントールは、ハトを用いてこんな実験をおこないました。まず、ハトに目の前に提示された反応キーをつつくように訓練します。あるときは1回ついたあとに赤と黄のライトが提示され、赤をつつけばご褒美がもらえます。またあるときには、反応キーを20回つついたあとに緑と青のライトが提示され、こんどは緑をつつけばご褒美がもらえます。少しの仕事だけで赤ライトが提示されてご褒美がもらえ、たくさん働いたあとには緑ライトが提示されてご褒美がもらえます。この訓練のあと、ハトに赤と緑のライトを提示してどちらかを選んでもらいます。赤ライトは楽な仕事のあと、緑ライトはたくさん仕事をしたあとにもらえる刺激でした。ハトはどちらを選ぶでしょうか？　実験の結果、ハトは緑を選ぶことがわかりました。「たくさん働いたあとに手に入れたもののほうが、価値が高い」と考えているように見えますね。

がんばって手に入れたのだからだいじなものだ、と考える人はたくさんいるでしょう。しかし、これが合理的な判断であるとは限りません。コンコルドという飛行機をご存じでしょうか。多額の開発費がつぎ込まれましたが、商業的には失敗でした。割に合わないとわかってからも、「これだけ投資したのだから簡単には止められない」という理屈で、結果的に大きな損失になったのです。このように、それ以上の投資は無駄なのに続けてしまうような行動は「コンコルド効果」と呼ばれています。

慶応義塾大学の渡辺茂らは、ハトを用いた実験で、コンコルド効果に類似した非合理的な行動が生じることを示しました。この実験では、10回反応すればご褒美が得られる刺激と、30回つつけばご褒美がもらえる刺激をハトに提示します。もちろん、10回反応するだけでご褒美がもらえるのであれば、そちらを選ぶのですが、30回反応しなければならない刺激だけが提示されていると、ハトはこの刺激に反応するしかありません。この刺激に何回か反応したところで、10回つつけばご褒美がもらえる刺激が提示されたらどうでしょうか。もし、まだ10回以上つつかなければ30回に到達しないのであれば、10回つつけばご褒美がもらえる刺激に切り替えたほうが合理的です。しかし、実験の結果、ハトはそのまま30回つついてご褒美をもらうことを選んだのです。動物たちも人間と同じように、ときに合理的でないがんばりをしてしまいます。

●動物はみんな働き者?

では動物たちはいつもがんばっていて、サボらないのでしょうか?「真社会性動物」と呼ばれるアリやハチなどの昆虫の仲間や、哺乳類ではハダカデバネズミという動物がいますが、彼らは親世代と子世代が同居し、繁殖をする個体や食べ物を集める個体が分業して生活しています。アリのコロニーには食べ物を集めるなど働くアリがいますが、みんなが働いているわけではありません。ほかの個体が働いているのにサボっているアリもいるのです。また、最近の研究ではよく働くアリだけを集めてもサボるアリが現れること、またサボっているアリだけを集めると働くアリが現れることがわかってきました。どうやらアリ社会では、一部のアリは働かないことで全体の仕事量を調整しているようです。

でも、これは真社会性動物だけの特徴ではありません。50年近く前に、イギリスのシェフィールド大学のボックスという研究者は、3頭のラットを1つだけレバーのある実験箱に入れて、観察しました。レバーを押すとご褒美の餌が1個だけ出てきます。どのラットもレバー押しを知っていたのですが、性別や年齢にかかわりなく、どのような組み合せで一緒にしても、必ず1頭だけがほとんどのレバー押しをし、ほかの2頭はただで餌を取るようになりました。このパターンは、1グループで働き手になった個体ばかりを3頭集めても、サボりを決め込んだ個体ばかりを3頭集めても、常に同じだったのです。つまり、それぞれのラットが働くかどうかは、その個体が働き者かどうかで決まることではなく，どれか1頭が働けばよいという事態では、常に生じる現象だったのです。

学校や職場で、働く人とサボる人が出てくるのは、これと同じ場面になっているからかもしれません。動物たちも、がむしゃらに働くばかりではないわけです（図4-14）。

図4-14
がんばる個体もいれば、さぼる個体もいる

4-9 動物がハマるとき

●専修大学人間科学部　澤　幸祐

世の中にはさまざまな趣味があります。みなさんにも時間を忘れて熱中するものがあるかもしれません。「最近サッカーにハマっていて」といった物言いは聞いたことがあるでしょう。ヒトは、このようにいろいろなものに熱中し、それが人生を楽しいものにしてくれることもあれば、ハマりすぎて問題を引きおこしてしまうこともあります。では動物たちも、ヒトと同じように「ハマる」ことがあるのでしょうか？

●「ハマっている」状態とは

ここではまず、「ハマる」とはどういうことかを考えてみましょう。みなさんは「楽しいこと」あるいは「お金がもらえたり、ものがもらえたりするもの」にハマるのではないでしょうか。何かの行動の結果として楽しみが得られたり、あるいは報酬があったりするわけです。ゲームでレアアイテムが手に入る、ギャンブルでお金が儲かるというような例を考えるといいですね。このように、多くの場合、ヒトや動物の行動には何か結果が付随し、その結果によって行動が変わっていきます。

スキナーは、このように行動に対して結果が付随し、その結果によって行動が変容していくようすを検討しました。ほかの項目（85ページ「4-3 ご褒美は毎回？」）でも説明されていますが、「どの行動に対して、あるいはどのタイミングでご褒美のような結果を付随させるか」に関するルールを「強化スケジュール」と呼びます。ゲームでアイテムを手に入れるようすに当てはめてみましょう。敵と戦い、勝てばアイテムが手に入るというのが、ゲームではよくある場面です。しかし、敵に勝てば毎回必ずアイテムが手に入るわけではありません。希少なアイテムとなると、そう簡単には手に入りません。そのうちに何度も何度も繰り返しゲームをするようになり、「ハマる」わけです。このように、「反応しても、たまにしかご褒美が手に入らない」という部分強化スケジュールでは、「レバーを押すと、たまに餌がもらえる」という状況におかれたラットも、あたかも「ハマった」かのように、休みなくレバーを押すようになります。たまにしか当たらないギャンブルにハマってしまうのも、よく似た状況かもしれません（図4-15）。

図4-15
状況によっては動物も「ハマる」

●「もっとご褒美を！」ハマりすぎは危険

何かに熱中することは決して悪いことばかりではありませんが、コカインのような違法薬物は「依存」と呼ばれる状態をつくり出してしまうことがあります。こうした薬物にハマってしまうようすを調べるための強化スケジュールに、「比率累進スケジュール」と呼ばれるものがあります。このスケジュールでは、例えば最初は1回レバーを押せばご褒美をもらえます。しかし、しばらくすると2回、4回と、ご褒美をもらうために必要なレバー押しの回数が増加していきます。あまりに要求されるレバー押し回数が多くなってくると、動物はレバーを押さなくなります。アカゲザルを用いた実験によると、タバコに含まれるニコチンをご褒美とした場合には、レバー押しを2000回程度までは我慢します。しかし、コカインを与える場合には、なんと1万回を超えるところまでレバーを押し続けるといわれています。

コカイン依存は極端な例ですが、自分の行動に対してご褒美が与えられるとうれしいものです。何かしらの行動に対してご褒美を与えると、その行動が再びおこなわれる確率が高くなることは、動物でもヒトでも広く知られています。脳のなかにはご褒美をもらうことと強く関連している部位があって、「報酬系」と呼ばれています。脳のなかにある「腹側被蓋野」と呼ばれる場所から、内側前脳束という神経の束を通じて側坐核や内側前頭前野という場所に神経細胞のつながりがあります。この神経連絡が、報酬に関する処理にかかわっているといわれています。

この神経連絡は、神経細胞同士で情報の伝達をするための化学物質の1つであるドーパミンによって活動することから、ドーパミンは報酬に関する情報処理に重要であることがわかっています。コカインのような薬物は、ドーパミン系の神経細胞に作用して強い報酬効果をもたらしてしまいます。食べ物のような自然のなかで得られる報酬でも、こうした報酬系と呼ばれる場所は働きますが、コカインのような薬物のもつその効果はとても強く、また危険なものです。それは意志の力ではどうにもあらがうことのできない魔力をもつ恐ろしいものなのです。それだけに、興味本位で薬物に手を出すことは、決してしてはならないことなのです。

このように、ヒトだけでなく動物もまた、ご褒美の与えかた（強化スケジュール）によってハマったり、あるいはご褒美の種類（薬物）によってハマるような行動を示したりします。「ハマる」というのは、社会的な状況、個体性などを含めた複数の要因が絡み合ってつくられる複雑な現象で、こういう状況では必ずハマる、こういうご褒美なら必ずハマる、というわけではありません。よい意味でハマり、大きな成果をあげる人もいます。でも周囲の人が問題をおこしそうになったり、自分でも「ハマりすぎて、まずいかな」などと思ったりしたときには、こうした話を思い出してみてはいかがでしょうか。動物研究は、ハマりやすい状況やハマりやすいご褒美、あるいはそこからの脱出法について多くのヒントを教えてくれます。

4-10 動物がヘコむとき

●専修大学人間科学部　澤　幸祐

私たちの人生にはよいときもあれば、悪いときもあります。がんばって勉強しても成績が思うように上がらなかったり、練習してもスポーツでライバルに負けてしまったり……。こういう経験は誰にでもあるものです。そんなとき、私たちは「自分はダメなやつだなあ」とヘコんでしまったり、場合によってはうつ病と呼ばれるような問題を抱えてしまったりします。動物たちも、「自分はダメなやつだ」とヘコむことがあるのでしょうか？

●絶望したイヌ、あきらめてしまったラット

50年ほど前のこと、イヌを使ってこんな実験をした人がいます。まず、イヌを軽く拘束して逃げ出さないようにします。そのうえで、このイヌに電気ショックを与えます。電気ショックは、怪我をしない程度の弱いものでしたが、イヌはなんとか逃れようとします。しかし、イヌは自力では電気ショックを止めることができません。回避したくても、どうやっても電気ショックから逃れることができないわけです。こうした経験を与えたイヌを、別の部屋に移動させます。この部屋では、やはり床から電気ショックが与えられましたが、こんどは部屋のなかを移動することによって電気ショックから逃げることができま

した。さてイヌは、電気ショックから逃げ出すようになったでしょうか？　実験の結果によると、「回避できない電気ショック」を経験したイヌは、そうでないイヌに比べて「移動することによって電気ショックから逃げる」ことを学習するのが難しくなってしまいました。まるで、「自分はどうやっても電気ショックから逃げられないのだ」と絶望してしまったかのように、電気ショックから逃れられるにもかかわらず、そうしなくなってしまったのです。この現象は、「学習性絶望感」あるいは「学習性無力感」と呼ばれています。自分では解決できないような状況におかれると、動物もまた「ヘコんでいる」ように見える行動を見せるわけです。

うつ病のモデルともいえるこうした現象は、電気ショックでだけ生じることではありません。「強制水泳」と呼ばれる実験手続きがあります。この実験では、ラットやマウスといった動物を、足のつかない深さに水が張られた円筒形の水槽に入れます。ラットやマウスは溺れることはないのですが、なんとか水槽から脱出しようとします。しかし、水槽の壁は高くて、彼らは脱出することができません。最初のうちは、水槽から脱出しようと泳ぎ回り、水槽の壁を登ろうとします。しかし、じょじょに彼らは水槽のなかでただ浮かんでいるだけ、まるで「自分は水槽から脱出できない、無駄だ」とあきらめてしまったかのような行動を見せます。もちろん、動物がヒトとまったく同じように絶望し、無気力になっているかはわかりません。しかし、ヒトのうつ病の薬を与えると、水槽のなかの動物は再び脱出しようとしているかのように動き出すことが知られています。少しばかりかわいそうな実験ですが、こうしたモデル動物での研究は、新しい薬がうつ病に効くかどうかを確かめるために大切な役割を果たしています。

●期待を裏切られると

期待していたような結果が得られなくてがっかりすることは、よくあることです。動物も「がっかり」するのでしょうか（図４‐16）。ラットを使ったこんな実験があります。まずラットを、スタートからゴールまでが一直線になっている「直線走路」と呼ばれる装置に入れます。スタートにおかれたラットはゴールまで進めば、餌をもらうことができます。するとラットは、スタートに入れられてドアが開くと、ゴールまで走っていくようになります。ここで、あるラットに対してはゴールで５個、別のラットには30個の餌を与えるとしましょう。すると、５個の餌で訓練されているラットよりも、30個の餌がおかれているラットのほうがゴールまで走る速度は速くなります。こ

図4-16
うまくいかないことがあると、動物も元気をなくしてしまう

こで、30個あったはずの餌が、あるとき突然5個まで減らされてしまいます。すると、このラットの走る速度は急激に遅くなります。さて、どれくらい遅くなるでしょう？　もともと5個の餌を与えられていたラットと同じくらいまで遅くなるでしょうか？　実は、それよりもさらに遅くなってしまいます。こうした現象を「負の対比効果」といいます。まるで「30個もらえると思っていたのに、たった5個か……」と、がっかりしたかのようですね。

動物もヒトと同じように「ヘコむ」のか、という問いは、動物とヒトの違いを考えると、きちんとした答えを出すことがとても難しいものです。しかし、動物たちもまた、「自分では解決できない状況」あるいは「期待していたより悪い状況」を経験することによって行動を変化させていきます。こうした実験から私たちが学ぶことはたくさんありそうですね。

4-11 赤ちゃんから大人へ 心の発達

●京都大学霊長類研究所 友永雅己
●麻布大学獣医学部 茂木一孝

動物の心について話をする機会をもつと、最もよく出てくる質問は、「○○○（動物の種名）の知能はヒトでいえば何歳くらいに相当しますか」というものですが、実はこの質問にと答えることはきわめて難しいのです。体の成長を見ても、歯の生えかたで見ると、ある動物はヒトのX倍のスピードで成長するのに対し、骨の成長で見るとY倍、首のすわる月齢ではZ倍、といったモザイク状の成長パターンが出るのがふつうです。

「心」も同じことです。ものを見分ける働きや仲間とのやり取り、あるいは推理など、心を構成するさまざまな認知能力の各要素がすべて同じ「速度」で成長するということはあり得ません。ですから、たった1つのものさしでさまざまな種間の心の発達速度を比べることは不可能なのです。また、先の問いは、ヒトの心は年齢とともに変化するのに対し、動物の心はあたかも静的なものであるかのように扱われています。動物の心も、その生涯の間、止まることなく変化していくことはいうまでもありません。そういった視点から動物の心の発達を研究する、「比較認知発達科学」という研究領域もあります。

●チンパンジーの発達

心の発達には、種によって大きな多様性があります。ここでは、ヒトに最も近縁なチンパンジーと、霊長類よりずっと以前に私たちの共通祖先と枝分かれしたマウスやラットなどのげっ歯類に代表選手になってもらって、それぞれの心の発達過程のエッセンスを紹介しようと思います。

チンパンジーの発達を、社会生活を送るうえで特にだいじな能力の観点から、ごく簡単に見ていきましょう。ヒトでは2ヶ月齢くらいになると、養育者との間でコミュニケーションが芽生えます。それは、母親と見つめ合い、微笑み合うなかで確立していきます。母親が育てるチンパンジーの心の発達を縦断的に調べた京都大学霊長類研究所の研究から、新生児期のチンパンジーにはヒトの新生児と同様の発達過程が見られることがわかってきました。1ヶ月くらいになると母親の顔を区別するようになります。また、この時期には、ヒトと同様に、目の前で見せられた口の形を真似る「新生児模倣」と呼ばれる行動が見られます（ニホンザルやアカゲザルでも報告されています）。2ヶ月齢くらいになると、母親と頻繁に見つめ合い、大人たちとも見つめ合い、微笑み合いながら遊ぶようになっていきます（図4-17）。この時期の赤ちゃんチンパンジーは、視線が逸れている顔よりも目が合っている顔のほうを長く見ることもわかりました。このように、社会的な心の初期発達は、チンパンジーとヒトではきわめてよく似ています。

ところが、それ以降の発達ではどんどん違いが現れてきます。例えば、仲間と同じところに注意を向ける「共同注意」（233ページ「6-10 仲間の知っていることは見抜ける？」参照）といわれる行動の発達を見てみましょう。ヒトもチンパンジーも、1歳をすぎるあたりで、自分が見えている範囲内であれば、他者の視線（指さしや頭の向きも含む）を追いかけることができるようになります。ところが、見えないところにあるものを指さされて、そこに注意を向けることができるようになるのは、ヒトでは1歳半なのに対し、チンパンジーでは2歳半まで遅れます。しかも、ヒトの子どもはものがあるほうを見たあとに、もう一度大人のほうを見て、積極的に注意の対象を共有しようとしますが、チンパンジーではそのような行動はまったく出ませんでした。ヒトでは共同注意がコミュニケーションの開始点になっているのに対し、チンパンジーでは単なる探索のための「手がかり」にしかなっていないのかもしれません。

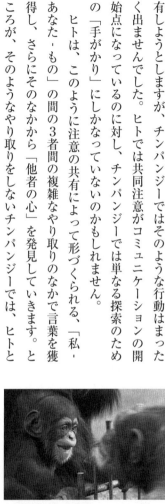

ヒトは、このように注意の共有によって形づくられる、「私-あなた-もの」の間の3者間の複雑なやり取りのなかで言葉を獲得し、さらにそのなかから「他者の心」を発見していきます。ところが、そのようなやり取りをしないチンパンジーでは、ヒトと

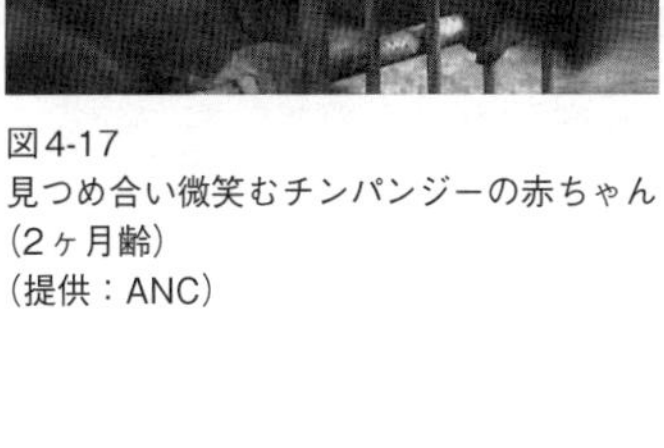

図4-17
見つめ合い微笑むチンパンジーの赤ちゃん
（2ヶ月齢）
（提供：ANC）

同じような社会的な心の発達は見られません。おそらくチンパンジーではそのような3者間の複雑なやり取りがなくても暮らしていける環境に適応してきたからなのでしょう。

●げっ歯類の心の発達

では、げっ歯類ではどうでしょうか。実験動物としてポピュラーなげっ歯類は、その発達の過程も詳細に調べられています。げっ歯類は、ヒトのように他者の心を読んだり、遠い異国の平和を願ったりすることはないかもしれません。しかし、例えば何度もケンカに負けた相手といると不安を示す行動が多くなりますし、ラットでは遊んでいるときにヒトには聞こえない高周波帯域の声で笑っているようなようすも見られます。最近では、ひとりで痛みを受けるよりも、仲間のマウスと一緒に痛みを受けるほうが、物理的な痛みは同じなのに痛がる反応は大きくなることもわかってきました。もしかすると、げっ歯類の心にも「共感」の原型のようなものが備わっているのかもしれません（227ページ「6-9 優しさや思いやりはある？」参照）。

げっ歯類の心の発達も、固定されたものではありません。例えばマウスやラットでは、赤ちゃんの時期に母親から受ける養育の量が少なかったり、離乳を人為的に早めたりすると、成長後により不安を感じやすくなることがわかってきました。そこで、ここではげっ歯類の心の発達を母子間コミュニケーションから見てみましょう。

●フェロモンが母子の絆をつくる

げっ歯類の多くは夜行性なので視力はそれほどよくないのですが、嗅覚は霊長類よりもずっとよく発達しており、赤ちゃんと母親とのやり取りも、はじめは嗅覚が重要です。例えば、赤ちゃんの陰部に近いところからはフェロモンが出ていて、母親がそれをなめると赤ちゃんの排泄がうながされると考えられています。また、げっ歯類に近いウサギでは、目の見えない赤ちゃんが乳首にたどりつき母乳を飲むために、母親の乳首から出るフェロモンが役立つことがわかっています。

フェロモンは嗅いだことが意識されないものなので、こうした動物の母子のやり取りは、ある意味機械的に始まるともいえます。しかしそのようなやり取りを通じて、げっ歯類の赤ちゃんでもヒトと同じように母親を求める心が発達していきます。ヒトの赤ちゃんでは、生後6ヶ月すぎには、養育者がいないことに気づくと泣き始めますが、赤ちゃんマウスも授乳期の中ごろに母親から引き離すと、超音波帯域の声を発するのです。そして、この声にはヒトの赤ちゃんの声と同じく母性を高める作用があることがわかってきました。

また、この時期のマウスの母子は、お互いを認識しているようです。母親は自分の赤ちゃんよりほかの赤ちゃんを長く嗅ぎますし、赤ちゃんマウスは、ほかの赤ちゃんの母親より、自分の母親と長くすごすことを選びます。このようなことから、げっ歯類の母子間にも、お互いを特別な存在として離れがたく思う関係、いわゆる母と子の絆があることが十分に予想されます。ヒトを含む霊長類では母子間の絆のはく奪が、心の発達に悪影響を与えることを示す多くの研究があります。母子間の絆は哺乳類に共通した心の発達の鍵なのかもしれません。

以上のように、心の発達のようすには、さまざまな種の間で共通な部分とまったく異なる部分が見られます。これは、成熟した大人を見ているだけでは見えてこないものです。種間を比較し、心の進化の道筋を解き明かそうとする比較認知科学にとって、「発達する心」、「心の発達も進化する」という視点がだいじなのです。

4-12 老いてもなお学ぶ

●専修大学人間科学部　澤　幸祐

日本は「高齢社会」に突入し、社会において高齢者の占める割合は増加しています。年齢を重ねて知識や経験が蓄積されていく一方で、「物覚えが悪くなった」というように、さまざまな能力が低下していくことは否定できません。その一方で、元気な高齢者が人生を楽しみ、活躍することは重要な意味をもつともいえるでしょう。では、動物の研究から、何かヒントは得られるでしょうか。

ヒトや動物は、経験によって行動を変えていく「学習」、過去に経験した情報を保持しておく「記憶」という働きによってさまざまな問題を解決していますが、これには脳のなかにある「海馬」という部位が重要です。海馬の神経細胞が働かなくなったり、あるいは死んでしまったりすると、学習や記憶に問題が生じることは容易に想像できます。

１９０６年にノーベル賞を受賞したカハールが「発達が終われば神経細胞の成長や再生はおこらない」と主張して以来、神経細胞は年を取れば減少していくだけで、新しく生まれることはないと思われていました。しかし、現在ではこれは誤りであることがわかっています。

●神経細胞はつくられ続けるが……

アメリカにあるパデュー大学のアルトマンたちは、ラットやマウスの成体の脳で、神経細胞が新たにつくられていることを明らかにしました。また、海馬の「歯状回」と呼ばれる場所には、「神経幹細胞」と呼ばれる「神経細胞の源」のような細胞があり、大人になってからも神経細胞をつくり出していることがわかってきました。細胞分裂によって、神経幹細胞は2つの細胞に分かれますが、一方はそのまま神経幹細胞のままで、もう一方は「神経前駆細胞」という違う種類の細胞になります。この神経前駆細胞が成長することで、新しい神経細胞が生み出されます。これを「神経新生」あるいは「ニューロン新生」と呼びます（限定的ですが、海馬以外でも神経新生がおこる場所があります）。こうして生まれた新しい神経細胞は、「シナプス」と呼ばれる結びつきによってほかの神経細胞との間にネットワークをつくり、さまざまな機能を果たしています。神経新生は、げっ歯類のみではなく、カナリアなどの鳥類やマカクザルのような霊長類、またヒトにおいても生じていることが明らかになっています。

このように、神経細胞はどんどん死んでいくだけではなく、新しく生み出されてもいます。ではなぜ、加齢によってさまざまな認知機能が衰えてしまうのでしょう。アメリカのソーク研究所のクーン（現在はドイツのレーゲンスブルク大学）らは、老齢のラットを用いた研究で、加齢によって神経細胞の増殖が遅くなり、成熟した神経細胞の数が全体としては減少することを明らかにしました。また、こうした細胞数の減少は、学習や記憶の成績と関連していることもわかっています。この原因の1つは「糖質コルチコイド」と呼ばれるホルモンであるといわれており、年を取ると、血液中のこの物質の濃度が増加します。このホルモンはストレスによっても増加し、神経細胞が増えることに対して悪い影響を与えているようです。ほかにも、アルツハイマー病などの疾患やうつ病なども、神経新生に対して影響を与えています。ホルモンのように、血液中に含まれる因子によって神経新生が影響されるという説は、若いマウスと高齢のマウスを人工的に結合して血液を循環させるという実験によって、若いマウスでは神経新生が減少し、高齢のマウスでは増加するという結果などによっても支持されています。

●神経細胞の増殖スピードは維持できる?

残念ながら、加齢やいろいろな疾患によって、神経新生の程度も衰えてしまうようです。どうにかしてその衰えを抑えることはできないのでしょうか。もしそれが可能になれば、大きな意味があると考えられます。先ほど述べたように、ストレスなどによっても増加するホルモンの影響を考えると、ストレスのない生活環境を心がけるなどのことが有効に思われます。環境が神経新生に与える影響は無視できないことは、マウスを用いた研究からもわかっています。ソーク研究所のケンパーマン（現在はドイツの神経変性疾患研究センター）らは、マウスを飼育する環境にさまざまな刺激になるようなものを入れておくことで、神経新生が促進されることを示しました。ストレスにならない程度の運動など、豊かな環境で豊かな生活を送ることは、加齢による影響を最小限に食い止め、老いても学ぶための能力の維持に貢献するのです（図４－18）。

図4-18
豊かな環境のだいじさを動物は教えてくれる

4-13 いくつが限界？　動物の記憶力

●金沢大学人間社会学域人文学類　谷内　通

試験の前日に一夜漬けで勉強すると、「もうこれ以上は無理！」と頭がいっぱいでパンクするような感じがしますね。あたかも脳という記憶の入れものがいっぱいになってあふれそうな気がします。本当に頭はいっぱいになるのでしょうか？

●いま、おきていることを覚える能力

ヒトの記憶は大まかにいうと、短期記憶と長期記憶に分けられます。短期記憶とは、そのとき見聞きしている情報と過去に得た知識を合わせて思考する場で、作業記憶とも呼ばれます。いま、みなさんは短期記憶を活用しながらこの本を読んでいます。長期記憶とは、事物の名前や規則に関する知識や、昔の思い出などの保存場所です。長期記憶内の情報はふだんは意識されていません。例えば、「小学校6年生のときの担任の先生の名前は？」と質問されると、その先生の名前や顔がみなさんの意識のなかに浮かんできます。ある記憶が想起されるということは、長期記憶内の情報が短期記憶という思考の場に呼び出されたことを意味します。

ヒトの短期記憶では一度に記憶することのできる情報量に比較的はっきりした限界があ

り、だいたい7±2個であることが知られています。無意味な数字や文字列なら7±2個です。意味のあるものの名前や人名でも7±2個あるいは7±2人になります。よく知っている名前は全体で意味のあるまとまりとして1つになるからです。このように、記憶対象にかかわらず一度に憶えることができる情報がだいたい7±2個になるので、「魔法の数7」と呼ばれています。

チンパンジーでは、画面に一瞬だけ提示された数字を小さい順序に選んでいくという課題で、5～6個の数字であれば、かなり正しく反応できることが報告されています。これだけ見るとヒトの魔法の数7よりも少ないように見えますが、同じ課題をヒトがおこなっても同じような結果になったことから、チンパンジーはヒトと同等かそれ以上の短期記憶能力をもっていると考えられます。

調べかたは少し違いますが、ラットは「放射状迷路」と呼ばれる短期記憶課題がとても得意です（図4-19）。放射状迷路は、中央の広場からたくさんの走路アームが伸びた迷路で、動物は1つずつ順番にアームに進入して先端におかれた餌を食べます。食べた餌は補充されませんので、効率的に餌を獲得するためには、どのアームの餌はすでに獲得したか憶えておかなければなりません。この課題で、ラットはアームが8本から16本くらいであれば、一度進入したアームをほとんど間違うことなく避けて、すべての餌を獲得できるようになります。ラットは空間に関する優れた短期記憶の能力をもっているようです。

●ずっと憶えておく能力

長期記憶についてはどうでしょうか。アメリカのタフツ大学のクックらは、大量の写真を左か右のスイッチに反応して分類するようにハトとヒヒを訓練しました（図4‐20）。どの写真にどのように反応すべきかには何の法則性もありませんでしたので、ハトとヒヒはそれぞれのスライドについて、左右のどちらのスイッチに反応すべきか「丸暗記」する必要がありました。驚くべきことに、ハトで700枚、ヒヒで3200枚以上のスライドについての分類のしかたを正確に記憶することができたということです。また、ボーダーコリーという種類のイヌが、1000以上の物体の名前を正確に学習できることを示した研究もあります。

動物は記憶した情報をどれくらいの期間にわ

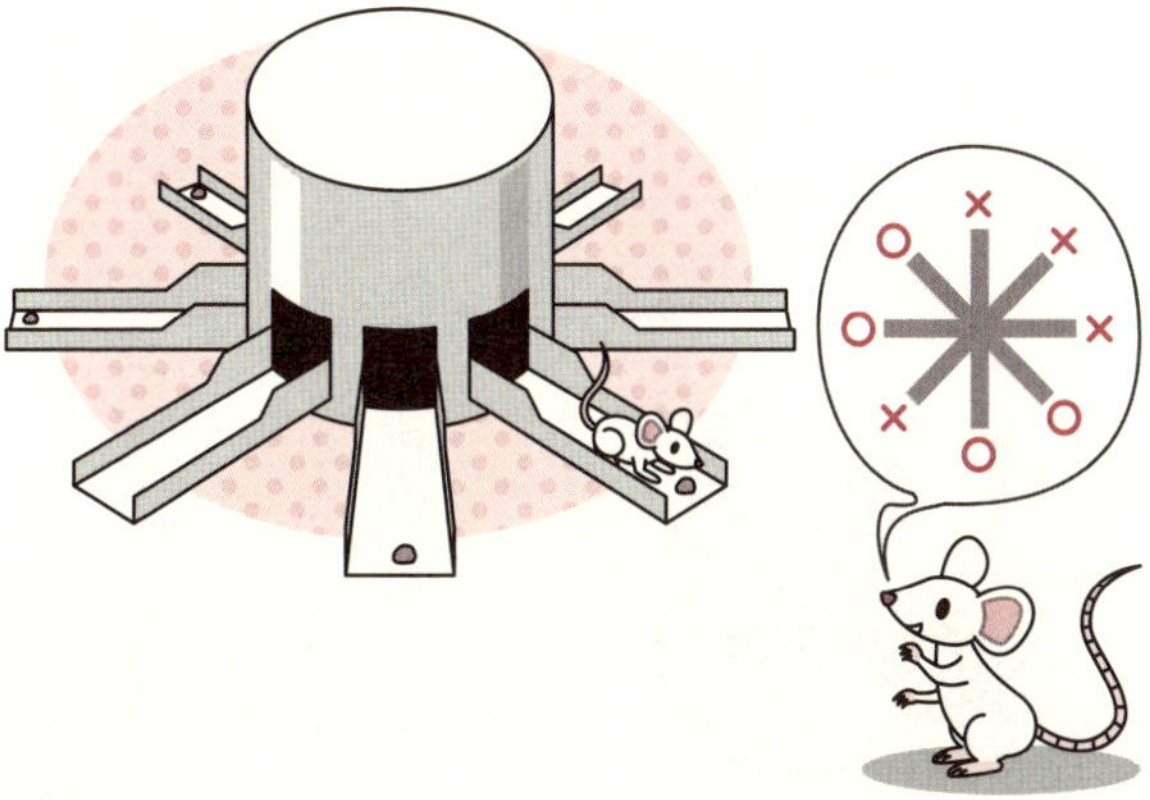

図4-19
短期記憶を利用して放射状迷路課題を遂行するラット。餌を食べたアームがどれだったかを全部憶えておくことができる

たって憶えておくことができるのでしょうか？　画面に１枚ずつ現れる１６０種類のスライドのうちの半分の80枚だけをつつくようにハトを訓練した研究によれば、学習から2年後におこなわれたテストでも正しく答えることができたそうです。また、さまざまな事物を図形文字で表すように訓練されたチンパンジーが、約20年間も使っていなかった図形文字を正しく憶えていたという報告もあります。

行動のルールに関する記憶力を調べた研究もあります。図形を見せたあとで、２つの選択肢のなかから最初に見たものと同じ図形を選ぶように１頭のアシカを訓練したところ、どんな刺激にも正しく反応できるようになりました。その10年後に新しい刺激を見せて同じ刺激を選べるかテストしたところ、アシカは以前とまったく同じくらいの正しさで反応することができたそうです。アシカは、「最初に見た図形と同じ図形を選ぶ」という反応ルールについての知識を10年間もの長期間に渡って憶えておくことができたのです。このように、一度しっかりと学習された知識については、動物は何年にもわたって憶えておくことができるようです。

図4-20
ヒヒは、どの写真にどのように答えればよいか、3000種類以上を丸暗記した

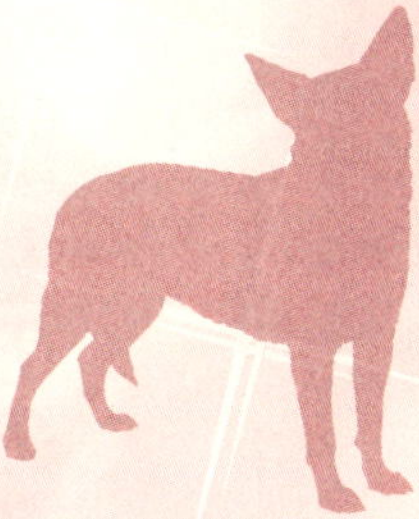

第5章

動物だっていろいろ考える

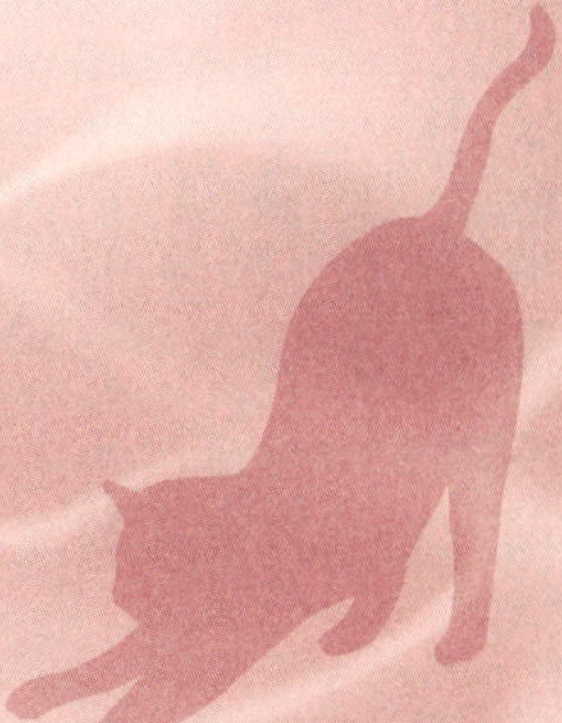

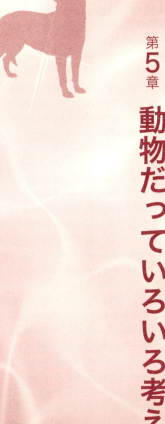

5-1 ものの数はどれくらいわかる?

●京都大学霊長類研究所　友永雅己

私たちヒトは、もしかすると数えるのがとても好きな生き物かもしれません。数えるための記号として数字を発明し、さらに、目の前に存在しないものに対して「0（ゼロ）」という数字を割り当て、さらには負の数や複素数という、現実世界には存在しない数まで発明し、これらを取り扱う抽象的な学問まで生み出してしまいました。このような数の認識を可能にする能力は、ヒトという種だけが獲得したものなのでしょうか。実は、数を認識するという基本的な能力は、広く動物の世界にも存在することがわかってきています。

●大小を比べる

例えば、チンパンジーの赤ちゃんの目の前にお皿を2枚用意します。お皿にはレーズンがそれぞれ2個と4個ずつおかれているとしましょう。すると、チンパンジーの赤ちゃんは、「数の多い」4個の皿のほうを何のためらいもなく選びます。このような実験は、大人のチンパンジーでも、そのほかの霊長類でも、ゾウやイルカ、ネズミ、ハト、さらにはサンショウウオのような両生類や、ミツバチのような昆虫でもおこなわれており、程度の差こそあれ、これらの種では「数の大小」が区別できているのではないかという結果が得られています。

ただし、ここで少し注意が必要です。これらの動物は、本当に「数」の大小を区別しているのでしょうか。もしかすると何か別の手がかりを使っているのではないでしょうか。例えば、大きさです。動物は、ものの大きさの区別が結構、得意です。もしかすると、ものの個数ではなく、その全体としての「大きさ」という量を手がかりにしていたかもしれません。同じサイズのレーズンが2個と4個であれば、数の比は1：2ですが、その総面積（あるいは総重量）の比も1：2になります。ですから、この状況からだけでは、このチンパンジーが数を手がかりにしていたのか、全体の量を手がかりにしていたのかは、はっきりしません。コンピューターなどを用いた研究では、この可能性を否定するための実験もよくおこなわれています。そこでは、数えるべきもの1つ1つの大きさを同じにするのではなく、微妙に大きさを変えることによって、個数は違うが量は同じ（あるいは量は逆転している）といった条件でテストするのです。その結果、ハトやチンパンジーでは、量ではなく「数」を手がかりにしているという確かな証拠が得られています。

●数えているの？

数の大小の判断はできるとして、その数えかたはヒトと同じなのでしょうか。このことを調べた研究は実は非常に少ないのが現状です。ここでは、チンパンジーの例を紹介しましょう。

　京都大学霊長類研究所のチンパンジー・アイは、目の前に示されたものの数やコンピューターの画面上に現れた図形の数を、アラビア数字で答えることを長年にわたって訓練されてきました（図5‐1）。彼女が数を答えるときの成績や、答えるまでにかかる時間を分析してみると、1〜4個くらいまではほとんど間違うことはなく、答えるのにかかる時間も個数に関係なくほぼ一定でした。次に5〜8個くらいまでは、成績はじょじょに低下し、答えるのにかかる時間も個数が1個増えるにつれて一定の時間だけ長くなるという傾向を示しました。このように、個数が少ないうちは「パッと見てわかる」という現象は、ヒトにおいても認められており、「即時把握」あるいは「サビタイジング」と呼ばれています。他方、4〜5個以降、個数が1増えるにつれ答えるまで

図5-1
左のモニター上の白い○の数に対応するアラビア数字を選ぶチンパンジーのアイ
（提供：京都大学霊長類研究所）

の時間が一定時間遅くなるという現象は、実際に1つずつ「数えている」からかもしれません。ヒトの場合は、確かに数え上げ（「カウンティング」）がおこっているという証拠があります。チンパンジーでもそうなのでしょうか。実は、アイでさらにテストしてみると、いろいろと興味深いことがわかってきました。

●ヒトとチンパンジーの数えかたの違い

アイは訓練を経るなかで1つずつ大きな数と数字の対応を学習していきました。その過程のなかで、いつも、アイがその時点で覚えている最大の数を答えるときの時間が、それよりも1つ小さい数よりも短かかったのです。また、ヒトでは、「数える」べきものを非常に短い時間（0・1秒ほど）しか見せないようにしても、ずっとものが見えている条件と答えるまでの時間には差がほとんどありませんでした。あたかもイメージとして残っているものの個数を数えているかのような結果です。これに対して、アイに同じような条件に挑戦してもらうと、答えるまでにかかる時間は5個のあたりで頭打ちになってしまったのです。

これらの結果は、アイとヒトは異なる仕方で数を認識している可能性を示しています。ヒトはある数以上になると1つずつ数え上げるのに対し、アイはどこまでもぱっと見たときの数の多さを推し測っているにすぎないのかもしれません。このような過程を「推数」

と呼ぶこともあります。では、なぜアイもものが見えているときには答えるまでにかかる時間が直線的に増加していったのでしょう。実はこのとき、アイはコンピューター画面を何度も見返していたのです。それが答えるまでにかかる時間に反映されていたのでした。

ヒトの数の認識のしかたは、ほかの動物とは少し違うのかもしれません。それは、「数字」という記号の発明に依存しているのかもしれません。あるいは、逆にヒトにおける数の認識のヘンテコさが「数字」を生み出したのでしょうか。その答えを知る1つのてだては、やはり、さまざまな動物での研究なのだと思います。このような試みは、ヒトを知るだけでなく、それぞれの動物の能力とその意義を知るうえでも重要なのです。

5-2 足し算、引き算はできる？

●梅花女子大学心理こども学部　大芝宣昭

人それぞれに得意・不得意があるものの、私たちヒトは計算をおこなうことができます。ドーナツを3個持っているところに、もう1個もらえば3＋1＝4個になりますが、そこから2個食べると残りは4－2＝2個になります。実際にもらったり食べたりしなくても、ドーナツが何個になるのかは頭のなかで計算可能です。さすがにヒト以外の動物に、微積分のような複雑な計算は無理ですが、簡単な足し算・引き算ならば、（ヒト以外の）霊長類でも可能なことがわかっています。

●チンパンジーの足し算の実験

アメリカ、オハイオ州立大学のボイセンらは、チンパンジーには簡単な足し算が可能であることを明らかにしています。シバという名前の6歳弱のチンパンジーに、施設内に設けられた所定の〝ルート〟を通ってもらいます（図5‐2）。ルートの途中には、2ヶ所の〝問題ポイント〟があり、オレンジがいくつかおかれています。シバは、〝解答ポイント〟までやって来たときに、「オレンジは全部でいくつあったか？」を尋ねられました。例えば、1つ目の問題ポイントにオレンジが2個、2つ目の問題ポイントに1個あったとすれば、「3（つ）」が正解になります。「みっつ」と音声で答えてくれれば実験もラクなのですがチンパンジーはヒトの言葉を話すことができません。そこで、数字が書かれた複数のカードのなかからシバに選んでもらいました。図5‐3のグラフの左側は、2つの問題ポイントにあったオレンジの数が1〜3個だったときと1〜4個だったときに、それぞれ正しい数字のカードを選んだ割合を示しています。どちらも、でたらめにカードを選んだ場合に期待される割合よりも、成績が高くなっています。つまり、足し算ができたということです。

さらにボイセンらは、問題ポイントにおくものを数字の書かれたカードに換えて、同様の手順で実験をおこないました。例えば、1つ目の問題ポイントには「2」と書かれたカードがあり、2つ目の問題ポイントにも「2」と書かれたカードがおかれていれば、解答ポイントで「4」と書かれたカードを選択すれば正解です。実験の結果が図5‐3のグラフの右側に示されています。今回も正答率はやは

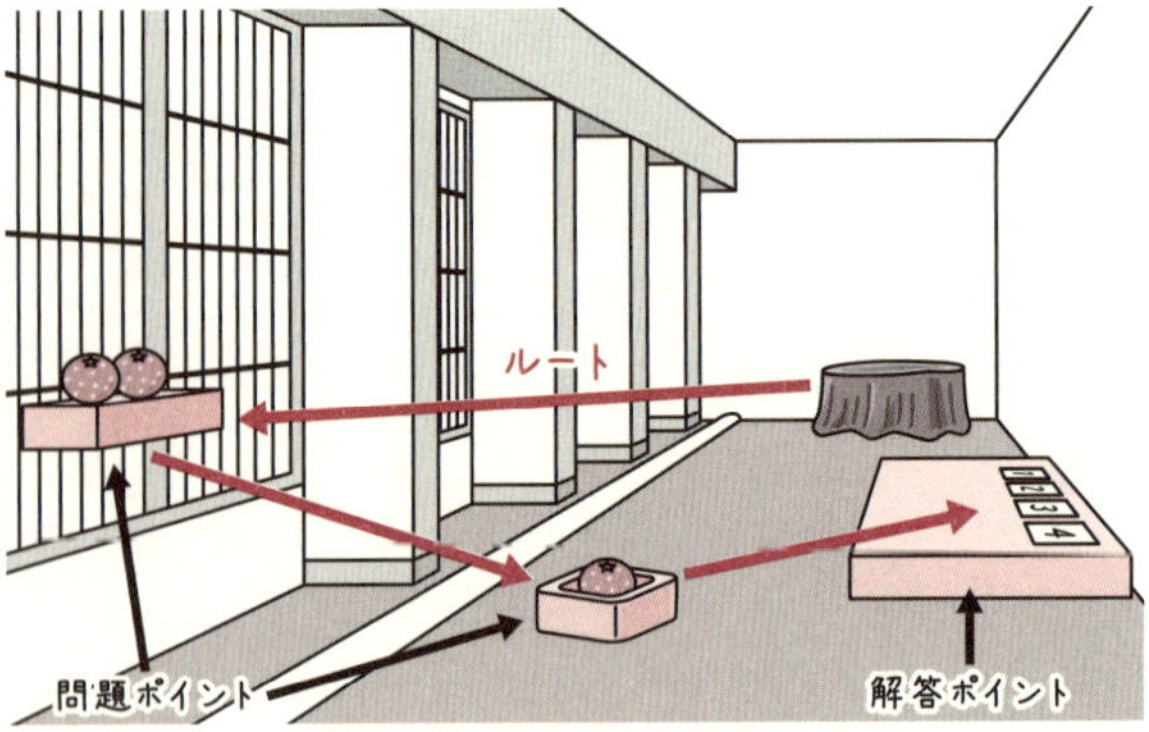

図5-2
チンパンジーによる足し算の実験をおこなった装置

り、でたらめに選んだ場合に期待される割合よりも、高くなっています。実物のオレンジではなく数字カードを使った場合でも、シバは足し算をおこなうことができました。

●引き算もできた！

足し算ができる、となれば、次は引き算ですね。京都大学の堤清香らがベルベットモンキーを対象におこなった実験を紹介しましょう（図5-4）。

カップのなかに食べ物が残っていれば、それを手に入れるためにカップに近づくことは、理にかなった行動です。また、食べ物が残っていないときに、カップに近づかないということも、無駄なエネルギーや時間を費やさないという点で、やはり理にかなった行動といえます。問題はカップに食べ物が残っているかどうか、サルは直接見ることができず、「食べ物が1個入れられて、1個取り出されたから、1個も残っていないはずだ」とか「2個入れられて、1個取り出されたので、1個残っているはずだ」というように、頭のなかで計算する必要がある、ということです。

実験の結果、最終的にカップに食べ物が残っている場合に

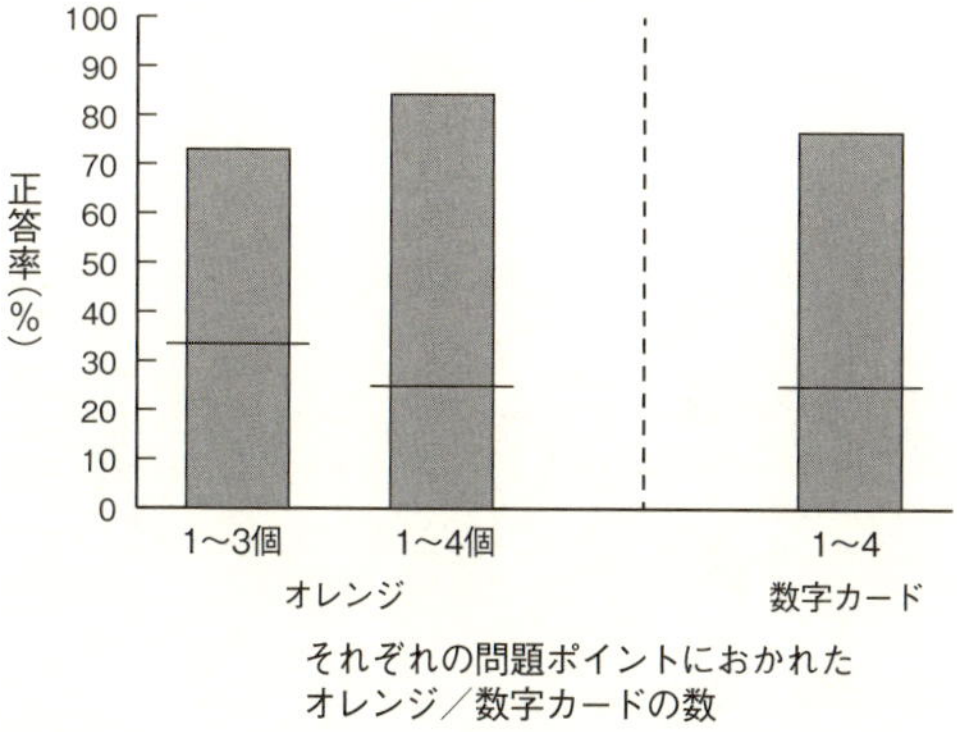

図5-3
チンパンジーによる足し算の実験の結果。横線は、ランダムに解答を選択したときの期待値を表す

は、サルはほぼ必ずカップに近づくものの、残っていない場合にはあまり近づきませんでした（図5-5）。実験対象となったベルベットモンキーたちは、たとえ対象物が直接見えなくても、頭のなかで引き算をおこなうことができた、ということです。

図5-4
ベルベットモンキーによる引き算の実験の手順
1 「窓」の空いたカップを用意する。この窓がサルから見えないようにして、カップを伏せ、食べ物（パンの切れ端）を1〜2個隠す
2 カップを180度回転させて、サルにカップのなかに食べ物があることを見せる
3 カップをもう一度180度回転させて、サルに窓が見えないようにする
4 その後、カップのなかの食べ物を全部あるいは一部取り出し、取り出した食べ物をサルに見せながら、実験者はその場を離れる。その後、サルがカップに近づくかどうかを観察する

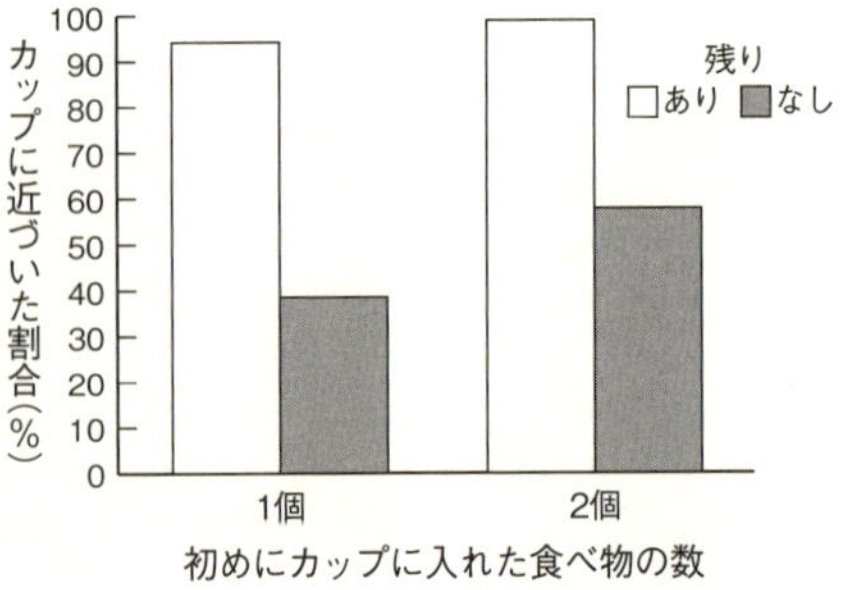

図5-5
ベルベットモンキーによる引き算の実験の結果

5-3 問題解決や推理はできる？

●金沢大学人間社会学域人文学類　谷内　通

第4章「動物だっていろいろ学ぶ」で見たように、動物も経験を重ねることによって環境に適応した行動を身につけることができます。学習された行動は、以前と同じ場面や似た場面ならうまく利用できます。でも、まったく初めて出会う場面ならどうでしょう。私たちヒトは、そうしたときでも、そのときに手に入る情報から推理することによって、何とか解決策を見つけ出すことができます。ヒト以外の動物も推理することができるのでしょうか？

●状況から推理する

マックス・プランク進化人類学研究所のコールは、チンパンジー、ボノボ、ゴリラ、オランウータンという4種の類人に対して、中身の見えない2つの容器のなかにそれぞれバナナとブドウを入れるところを見せました（図5‐6）。そのあとで一方の餌、例えばバナナを取り出して見せます。どちらの容器から取り出したかは見せません。そのあと2つの容器を選ばせると、空になったはずのバナナの容器を避け、ブドウ入りの容器を選ぶことができました。これらの類人は、食べ物を容器から出す現場は見ていなくても、見えている食べ物は容器から取り出されたものであり、「一方の容器は空になった」ということを推論できたわけです。

推論には別のタイプもあります。私たちは「A君はB君よりも成績がよくて、B君はC君よりもよかった」という情報を与えられると、直接的には比較されなかったA君とC君の成績の関係がわかります。このタイプの推論を、「推移的推論」と呼びます。ヒト以外の動物における推移的推論では、AとBならAが正解（A○ B×）といった課題を用いて、A○ B×、B○ C×、C○ D×、D○ E×という4つのペアについて学習させます。そのあとで、訓練のときには組み合わされなかったBとDのペアについてテストします。訓練ではBとDはどちらも一勝一敗ですが、「Cに勝ったかどうか」に基づいてBを選択する行動が見られれば、推移的推論ができたということにな

図5-6
類人はどちらの容器が空になったか推理することができる

ります。これまでの研究の結果、チンパンジー、リスザル、ラット、ハト、カケス、あるいは熱帯魚の1種などで推移的推論が可能であることが確認されています。

ラットが因果関係について推論したように見える証拠もあります。102ページ「4-7 食べ物の好き嫌いはある？」で見たように、食べ物を食べたあとで薬物の注射により内臓の不快感を生じさせると、その食べ物が嫌いになります。このとき、食べ物に2種類の風味AとBをつけておくと、風味AもBも嫌いになります。ところが、この最初の嫌悪学習の「あとで」、風味Bだけを与えて中毒症状が生じないことを経験させると、不思議なことに、風味Aに対する嫌悪度が高くなるのです。「AとBを食べたあとに具合が悪くなった。そのあとのBだけのときは平気だった。だとすると，中毒の原因はAだ」という推論がなされたように見える現象です。

●複雑な関係を推理する

推移的推論や食べ物の嫌悪学習における推論については、必ずしも思考による論理的な推論を必要とせず、もっと単純な学習の結果であるという指摘もあります。これに対し、カリフォルニア大学ロサンゼルス校のブレイズデルらは、ラットも思考による因果関係の推論が可能であることを報告しています（図5-7）。

この実験では、ライトが点灯すると音が鳴り（光→音）、同時に餌粒が出ること（光→

餌）をラットに経験させました。つまり、ラットは、光が音と餌の両方の信号であることを学んだことになります。続いておこなわれたテストでは、ラットを2つのグループに分けました。グループ1では実験箱に新たに加えられたレバーを自分が押したときにだけ音が提示されましたが、グループ2では、自分の行動にはかかわらず、グループ1と同じ回数だけ音が提示されました。すると、グループ2のラットは、音が鳴るたびに餌箱を確認しに行きましたが、グループ1ではそのような行動があまり見られませんでした。グループ2では、最初の学習を通じて、光が音と餌の共通の原因として学習されたため、テスト場面で音が提示されると「光は提示されていたが見落とした」のであり、「きっと餌も提示されているはずだ」という推論が生じたと考えられます。これに対して、グループ1では音が鳴った原

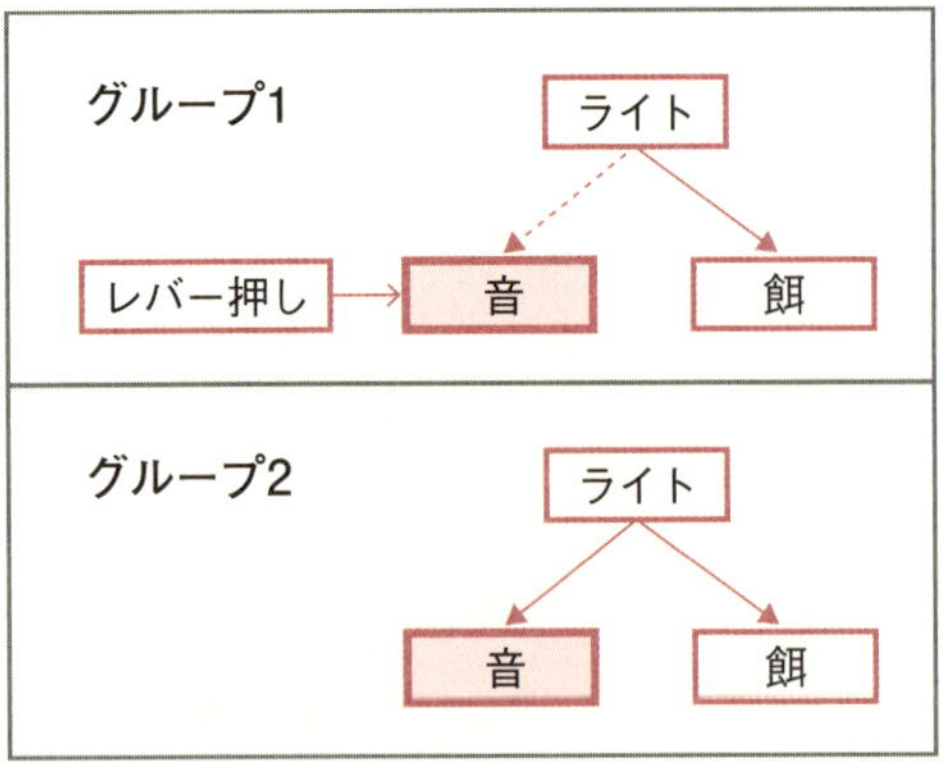

図5-7
ブレイズデルらの実験。矢印は推論された事象間の因果関係を示している。グループ2では音が提示されると光も提示されたことが推論され、推論された光の提示によって餌が提示されたことも推論される。グループ1では、音の提示の原因はレバー押しであると認識されるため、光が提示されたことが推論されなくなる

因は自分のレバー押しであると見なされるために、音が鳴っても光や餌が提示されたとは推論されなくなったと考えられます。

複雑な実験ですが、これは次のような推論に相当するものです。「気圧の変化」が共通の原因となって「気圧計の変化」と「天気の変化」の両方が生じます。私たちは、気圧計が変化すれば気圧が変化したのだと推論し、推論された気圧の変化を通じて天気が変化することも推論します。このとき、仮に自分で気圧計の針を動かして表示を変えても、気圧の変化やその結果としての天気の変化は推論されません。ブレイズデルらの実験は、気圧が光、気圧計が音、天気が餌、気圧計の人為的操作がレバー押しに相当するもので、この種の複雑な推論がラットにもできることを示したのです。

5-4

こうやって、ああやって……。動物に先読みはできる？

●東京大学大学総合教育研究センター　宮田裕光

迷路やジグソーパズルを解くのが自慢の特技のあなた。今日も、たくさんの問題が掲載された雑誌を買って帰って、意気揚々と解き始めます。進む向きを順番に選んでいく迷路ゲームで、最初の手はこちら、次の手はあちら、5手、10手先はどちらでしょうか。

私たちがこうやって日常しているような先読み計画を、動物もするのでしょうか。

●チンパンジーの数系列の先読み

京都大学霊長類研究所の松沢哲郎たちは、チンパンジーのアイに、コンピューターの画面の上で、アラビア数字を小さいものから順に指で触っていくように訓練しました。例えば、4→7→8のように、3つの数字を順番通り間違わずに触っていけるようにします。これができるようになると、先を読みながら反応しているかを調べるテストをしました（図5-8）。アイが一番小さい数字に触ると、その瞬間に2つ目と3つ目の数字の場所が入れ替わります。当然、触っていく場所の順番を入れ替えないといけません。

このようにすると、もともと2番目に小さい数字があった場所を、間違えて触ってしまうという反応が多く見られました。入れ替わった順番通りに、きちんと触れたこともあったのですが、こういうときは反応するのに時間がかかっていました。「次はここを触ろう」と、あらかじめ先を読んでいるからこそ、こういう間違いもしてしまうし、時間をかけて修正をするということもあるのでしょうね。

さらに、アイは5個くらいまでの数字について、小さい順に触っていくことができるようになりました。こんどは、一番小さい数字に触った瞬間に、残りの数字が全部消えて四角形におき換わるようにします。このように数字が隠されたときでも、アイは数字のあっ

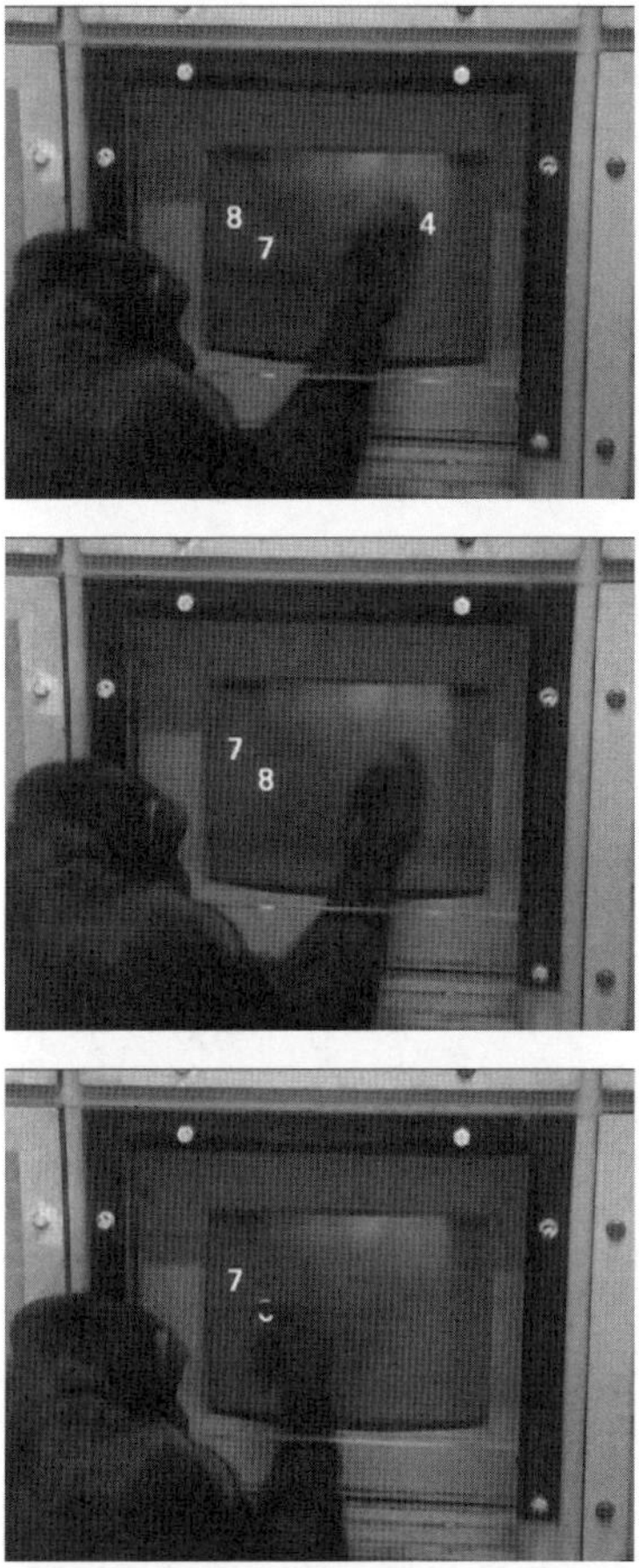

図5-8
数字の系列反応課題を解くチンパンジーのアイ。テストでは、最も小さい数字に触った瞬間に、2番目と3番目の数字の位置が入れ替わった（提供：京都大学霊長類研究所）

た場所を正しい順番で触っていくことができ、解く時間もほとんど一定でした。つまりチンパンジーは、5手以上の先を読みながら、このような課題を解いているようです。

●ハトのナビゲーション課題での先読み

ヒトから系統的な位置がもっと離れている鳥ではどうでしょうか。筆者（京都大学、現東京大学）らは、デンショバトの先読み能力を調べるため、コンピューターの画面をついて迷路を解く課題をさせてみました。

モニター上にある赤色の小さな四角形をハトがつつくと、四角形の上下左右に小さな点が出てきます。この点の1つをつつくと、四角形が、つついた向きにアニメーションを描いて1マス分移動します。このようにして、ハトはモニターの上で四角形を自在に動かすことができました。そして、画面上の別の場所にある青色の四角形のところまで運んでいくと、ご褒美の餌がもらえました。

ハトには難しい課題なのでは、と思われるかもしれませんが、実際に訓練してみると、どのハトも驚くほど上手にこのナビゲーション課題ができるようになりました。さらに、赤色と青色の四角形の間に、直線やL字のかたちをした棒がおかれて、回り道をしないといけないような「迷路」も、ハトは立派に解けるようになりました。

次に、十字のかたちをした迷路を使ったテストをしました（図5-9）。十字の腕の先端部4ヶ所のうち、別々の2ヶ所に、それぞれ赤色と青色の四角形がおかれています。赤色四角形を、中央の地点を通って、青色四角形のところまで運ぶことがハトの課題になります。上手にできるようになったあと、中央まで運んできた瞬間に、ときどき青色四角形が別の腕の先端に移動するようにしてみました。

すると、もとにあった青色四角形の向きに赤色四角形を誤って動かしてしまう、という反応が多く見られました。移動したあとの青色四角形の向きに正しく動かす場合もあったのですが、このときは反応に長く時間がかかっていました。けれども、中央の地点の手前で青色四角形が移動すると、これらの反応はほとんど見られませんでした。つまり、ハトは迷路を解きながら、次の1手は読むけれど、2手以上は読んでいないようです。

さらにこんどは、2個か3個の青色四角形を画面上に同時に提示して、すべての四角形を順に訪れるとご褒美がもらえるようにしました。すると、どのような配置になっていても、ハトはいつも一番近くにある四角形を最初に訪れることがわかりました。

図5-9
コンピューター画面上で十字形の迷路課題を解くハト。赤色四角形を青色四角形までつついて運ぶと、実験箱の左側の壁に開けられた穴に餌の穀物が提示された
（Miyata and Fujita (2008) に基づき作図）

どうやらハトは、1手先は読むようですが、あとは近い場所から回っていく、というような、比較的シンプルなやりかただけを使って問題を解いているようです。チンパンジーは、5手以上先を読んでいるらしいという話でしたよね。ではこの勝負、ハトは劣等生、ということになるのでしょうか。

ハトがふだん餌を食べているときのことを考えてみましょう。地面に落ちている穀物を拾って食べるとき、一番短い道を考えるというような難しい計算が、ハトにとって必要なことでしょうか。それよりは、近くの餌から順番に食べていって満腹になれば、それで十分ではないでしょうか。

ハトはそんなふうに、ある程度は先読みするけれど、そんなに先のことまで考える必要はない、ということで別段の不都合もなく暮らしているのかもしれません。

順を追って先の行動を計画できたら、もちろん動物にとって役に立つことは多いでしょう。けれど、遠く先々のことまで読めば読むほどよい、というのは、ヒトの頭でっかちな思い込みでしかないのかもしれません。

5-5 これはだいじ、これはどうでも……。動物もテストに備える？

●金沢大学人間社会学域人文学類　谷内　通

私たちは毎日たくさんのことを経験しますが、すべてのことを憶えられるわけではありません。何度も経験したことや深く考えたことは記憶に残りやすいので、試験勉強をするときには重要事項を何度も頭のなかで反すうするのです。

ヒトはまた、将来に必要になりそうな事柄を意図的に選び出して念入りに考え、記憶しようとすることができます。つまり、見聞きした情報のなかから何を憶えておくかを自分の意思で決定する心の働きをもっているといえます。では、ヒト以外の動物にも同じことができるのでしょうか？　もしそうであるならば、動物は単に「見聞きしたから憶えている」というだけでなく、自ら能動的に考えることのできる心の世界をもっていることになります。

●テストに備える動物

では、動物が能動的に考える心の働きをもっているかどうかは、どのように調べたらいいのでしょうか。この問題は、「指示性忘却」と呼ばれる実験を用いて調べられてきました。

例えば、ハトに図5－10のような記憶テストをおこないます。最初に憶えるべき図形を見せます。しばらく時間をおいたあとで、前に見たものと同じ図形と見たことのない新しい図形の2つが提示されます。前に見たほうを選択できると、報酬として食べ物が与えられます。

指示性忘却の実験では、憶えるべき図形が見せられてからテストまでの待機時間中に、「あとでテストがあるかどうか」を示す手がかりを与えます。「テストあり」と予告された場合には、前述のようなテストがおこなわれますが、「テストなし」の場合にはテストはおこなわれずに終了します。

このような訓練を十分におこなったあとで、「テストなし」と予告したにもかかわらず、いきなり「抜き打ちテスト」をおこなうと、正しく予告されたテストよりも記憶成績はずっと悪くなります。つまり、ハトは「テストあり」と予告された場合には先に見た図形について忘れないように情報を反すうしてテストに備えているのですが、「テス

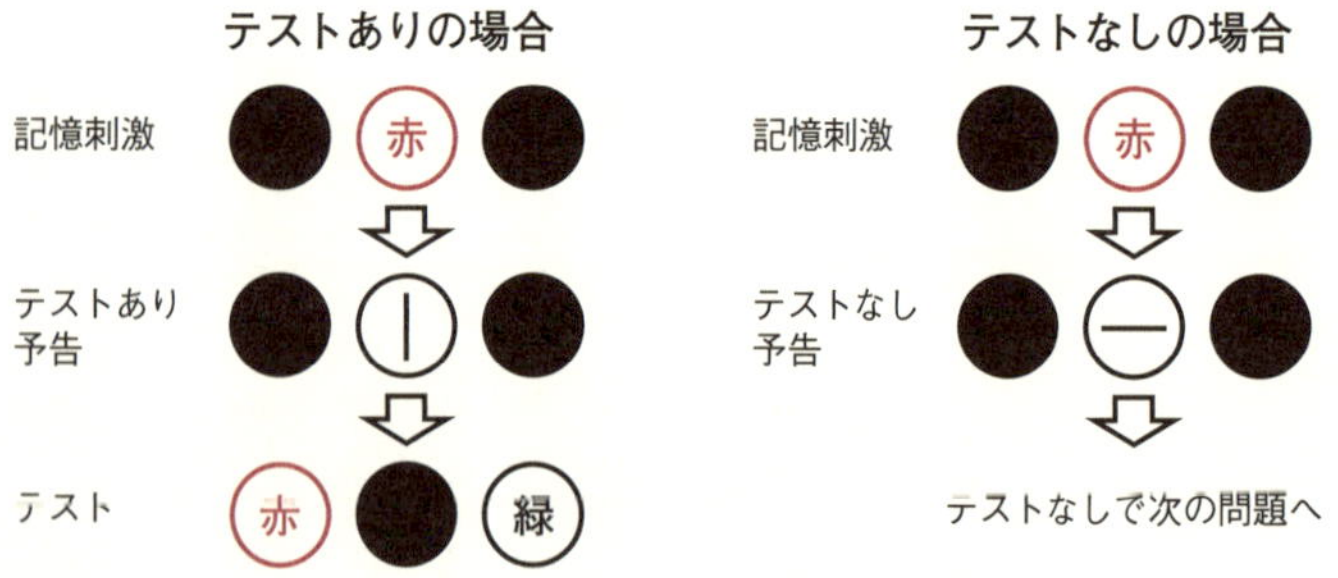

図5-10
指示性忘却実験。テストがあるかどうか縦線と横線で予告される

トなし」と予告されると、そのような努力をやめてしまったのだと考えることができます。

このように説明すると、ヒト以外の動物が能動的に考える力をもっていることが簡単に証明できるように思えるかもしれませんが、実際には難しい問題がたくさんあります。例えば、先の実験では、「テストなし」と予告されると、ハトはテスト図形が出る画面に注意を向けないかもしれません。自転車の運転でも集中していないときにはとっさの動作が遅れたり不正確になったりしますね。ハトもテストがないと思って注意が散漫になったところにテスト図形が突然現れたので、思わずいい加減に反応してしまっただけかもしれません。

または、「テストなし」と聞くと、私たちにとってはうれしいことにしか思われませんが、実験中の動物は違います。テストがあれば（もし正解すればですが）ご褒美の食べ物がもらえます。「テストなし」という予告は、「ご褒美なし」という意味ももっています。実際に「テストなし」という予告によって引きおこされた欲求不満が抜き打ちテストの成績に悪影響を与えることがわかっています。

●動物に考えるチカラはあるか？

このように、動物が自分の意思で何を憶えるか決定する心の働きをもっていることを、指示性忘却実験によって証明するためには、不注意や欲求不満による影響を排除しなければなりません。動物心理学者は巧妙な工夫を考案しては、先のような問題を1つずつ解決してきました。その結果、ハトだけでなく、サルやネズミも「何を憶えておくべきか」自分で考えて決める力をもっていることがわかってきました（図5-11）。これは、サルやハトやネズミが、世界を受動的にとらえているだけでなく、そのとらえた世界について自分の意思で考えていることの証拠でもあります。

しかし、そのほかの動物が、自らの意思によって自分の記憶や思考をコントロールする力をもっているかどうかについては、よくわかっていません。サルやネズミの仲間の哺乳類、例えばイヌやネコはどうでしょうか。ずいぶんと見込みがありそうにも思われますが、科学的な証拠はまだ示されていません。鳥類と共通の祖先をもつ爬虫類ではどうでしょうか。カメは世界について能動的に考えることができるのでしょうか？カエルやキンギョはどうでしょうか。

「世界をとらえる心」から「世界について考える心」はいつ生まれ、どんな動物がそのような心

図5-11
テストが予告されたので記憶を反すうするハト

をもっているのでしょうか。この問題について答えるためには、指示性忘却のほかにも、限られた情報から思考の力で答えを引き出す能力（143ページ「5‐3　問題解決や推理はできる？」を参照してください）や自分の心の状態について認識する力（261ページ「7‐4『知ってる』『忘れた』はわかる？」を参照してください）も含めて、研究しなければならない問題がたくさん残っています。

5-6

これもネコだし、あれもネコ……。概念はもてる?

●京都大学霊長類研究所　足立幾磨

私たちが暮らす環境のなかには、モノや生き物があふれています。さらに、絶え間なく新しいものもやってきます。この複雑で常に変化する環境のなかにいても、私たちは特にそのことを意識することも混乱することもなく、スムーズに生活を送っていけます。いったいなぜでしょう?

●概念がもたらす情報整理

それは、私たちが、身のまわりのモノや生き物を、その見た目や機能などに基づいて、自然と分類し情報を整理整頓しているからです。初めて見るものでも、こうした分類をおこなうことで、うまく対処できるのです。もし、こうした分類をしなかったなら、出会うものすべてに対して、それがどういうものかを個別に学ばないといけませんね。これでは時間もかかるし、次々にやってくる新しい情報にのみ込まれて、すぐに対処しきれなくなるでしょう。こうした分類の単位を心理学では「概念」と呼びます。この概念をつくり上げる能力こそが、私たちが「見ている」世界を支えるものであり、スムーズに生活をしていく原動力であるのです。

こうした概念を形成する能力は、ヒトだけがもっているものでしょうか？　この問いは、ヒト以外の動物（以下、動物）がもつ心を理解するうえでとても重要な問いであるとともに、ヒトが進化のなかでなぜこのような概念形成能力を獲得したのか、という、ヒト自身を知るうえでも大切な問いです。

ハトも概念をもてる？

初めて動物も「概念」を形成するのかが調べられたのは、半世紀ほど前のことです。アメリカのハーバード大学のハーンスタインという研究者たちが、ハトに「ヒト」という概念が形成できるかを調べました（図5‐12）。彼らは、ヒトが写っている写真が見せられているときに、反応キーをつつけばご褒美がもらえる、という「ルール」をハトに教えることを試みました。次々と新しい写真を見せながら訓練を進めると、ハトはしだいに写真にヒトが写っているときにだけ高頻度で反応キーをつつくようになりました。その後、写真を白黒に換えてもハトは正し

図5-12
アメリカのハーンスタインたちは、ヒトが写っている写真をつつくと正解、写っていないときにつついてしまうと間違い、というルールをハトに教えることで、彼らが「ヒト」という概念を形成する能力をもっていることを報告した

く答えることができました。これにより、ハトもまた、ヒトが写っている写真とそうでない写真を分類することができる、つまり「ヒト」という概念を形成できることがわかったのです。この研究を皮切りに、動物の概念形成能力が盛んに調べられ、さまざまなサルの仲間や鳥類も、概念形成能力をもっていることがわかってきました。

ひと言で、ある共通の特徴をもっている、といってもさまざまな特徴がありますよね。例えば、「ネコ」ってどんな生き物？　と聞かれれば、4本の脚、とがった耳、まん丸な目、といった見た目の特徴に加えて、「にゃー」と鳴くという情報もセットになっているでしょう。つまり、私たちは、いろいろな感覚の情報を組み合わせて物事を分類しているのです。これは、複雑な処理ではありますが、分類の精度を上げる非常に効果的な方法といえます。最近では、動物たちが、どういった特徴に着目して分類するのか、どういった基準を使うことができるのか、またヒトと同じように、種々の感覚を組み合わせて用いるのか、といった詳細な分析がおこなわれています。例えば、筆者らは、さまざまなサルの仲間が、見た目の情報だけではなく、音声もセットにして同種やヒトという「種」の概念を形成していることを報告してきました。今後、こうした研究が進むことで、私たちのもつ概念と、動物のもつ概念の似たところや異なるところが浮き彫りになっていくと期待されます。動物の心を科学的に「体験」することで、ヒトとは何か、を考える、そんな学問にみなさんも足を踏み入れてみませんか？

5-7 これとこれは同じ、これは違う……。ものの関係はわかる？

●金沢大学人間社会学域人文学類　谷内　通

158ページの「5‐6　これもネコだし、あれもネコ……。概念はもてる？」で見たように、ヒト以外の動物も「ヒト」や「ネコ」といった概念を学習できます。ハトではそのほかにも「椅子」や「花」や「自動車」や「ヒト」のさまざまな写真についてスイッチに反応することで分類できることや、同時にこれらの4つの概念を「自然物」（花・ヒト）と「人工物」（椅子・自動車）という上位の概念に分類できることも報告されています。

私たちは現実の世界には存在しない概念を使用することもできます。例えば、2本の缶を見て「同じ」ジュースだ、カラスとハトを見て「違う」鳥だと認識します。このとき、「同じ」や「違う」は実体をもって環境内に存在しているでしょうか？　そこにあるのは2種類のジュースの缶であり、異なる種類の2羽の鳥です。「同じ」や「違う」は実体としてはどこにもありません。このように、私たちは対象間の「関係性」を認識するときに、環境内にはどこにも実体として存在していない概念を使っているのです。

「同じ」と「違う」を理解する

ヒト以外の動物も関係性に関する概念を理解することができるのでしょうか？　アメリカのテキサス大学のライトらは、モニター上に上下に並べた2枚の写真を提示し、それらが同じものである場合には下の写真を触り、異なるものである場合には右横の白い四角形を触るように、ハトとアカゲザルとフサオマキザルを訓練しました（図5-13）。最初は8種類の写真で訓練し、80％以上の確率で正しく反応できるようになったところで、見せたことのない新しい写真でテストしました。すると、訓練された写真には正しく答えることができるにもかかわらず、新しいテスト写真にはでたらめにしか反応できませんでした。不思議に感じられるかもしれませんが、これらの動物は、「どの写

図5-13
ライトらがおこなった「同異弁別学習」の実験のようす。モニターに上下2枚の写真を示し、上下が同じときは下の写真を触り、異なるときは右横の白い四角形を触るように訓練した

真のペアにはどのように反応すべきか」をすべて「丸暗記」していたのです。このため、初めて見る写真にはどのように反応したらいいのかわからなくなってしまったのです。

ライト達は訓練に使用する写真の数を増やしながら、粘り強く訓練とテストを続けました。するとアカゲザルやフサオマキザルは32種類の写真を用いた課題を学習したあとでは、新しいテスト写真にも正しく反応できるようになりました。ハトは256種類の写真で訓練されると、新しいテスト写真にも正しく反応できるようになりました。丸暗記法では、憶えるべき写真が増加すると記憶しなければならない情報もどんどん増えていきますので、いずれ憶えきれなくなります。これに対して、2枚の写真が「同じ」なら下の写真に反応し、「違う」なら右の四角に反応するという同異の概念を用いる学習のしかたであれば、写真が何百枚になっても課題の難しさは変わらないことになります。このように、ハトやサルは、抽象的な概念を使用することで、膨大な情報を単純化して処理できるようになったのです。

●「関係性」の「関係性」を理解する

アメリカのペンシルベニア大学のプリマックらの研究では、「類推」と呼ばれる関係性に基づく推論がチンパンジーに可能であることも示されています。類推には、異なる刺激セット間の関係性の等しさを理解する能力が求められます。図5-14の例では、中央にあるイコール（＝）の描いてある小さなプラスチック片は「同じ」を表す図形語で、左側の2つの物体の関係性と同じになるように右側の空欄に選択肢から選ぶことが求められました。例えば、左の「図形の関係性の類推課題」では、左側の大小の図形と同じ関係を右の図形について線の下に表示される2つの選択肢から選んで完成させることが求められました。答えはもちろん中心に点のある小さな三角形です。チンパンジーは正しい選択肢を選ぶことができました。

図の右の「道具の働きの類推課題」では、「錠前と鍵」という見本を与えたところ、「ペンキの缶」に対して、「缶切り」と「ハケ」という選択肢からチンパンジーは缶切を正しく選択することが可能でした。つまり、錠前と鍵の関係である「後者で前者を開ける」という「働

図5-14
プリマックらのおこなったチンパンジーの「類推」課題の実験

き」に関する関係に基づいて、「ペンキの缶を缶切りで開ける」という関係を類推したと考えられます。

このように、さまざまな動物が事物の同異関係を認識することや、チンパンジーでは道具の働きも理解できることが示されてきています。研究が進むことで、このことがもっと確実に証明されていけば、動物が単に環境内の対象そのものを認識するだけでなく、心のなかでそれらの対象に関係性や働きに関する「意味」を与えて処理しているということがいえるようになるでしょう。動物は知覚の働きによって世界をとらえるだけでなく、そこにどのような意味があるか認識する心の世界をもっていることが示されつつあります。

5-8 ヒトの言葉は覚えられる？

●千葉大学文学部　牛谷智一

動物が好きな人なら、動物たちと話をして、彼らがどのようなことを考えているか言葉を通じて知りたいと思ったことがあるはずです。

研究者もまた同じことを考えていました。彼らは、ヒトに最も近い動物たち、すなわちチンパンジーやゴリラなどの大型類人を訓練すればヒトの言葉をしゃべるようになるかもしれないと考えました。１９３０年代には、アメリカのインディアナ大学のケロッグ夫妻が、１９４０年代には同じくアメリカのヤーキス霊長類研究所のヘイズ夫妻がチンパンジーの子どもを人間のように育てて言葉を覚えさせようとしましたが、ヒトの子どものようにはうまくいきませんでした。

実は、彼らにはそもそも、体のつくりから限界がありました。最近になって、ＭＲＩ（磁気共鳴画像）という機械を使い、口や喉の構造を調べたところ、チンパンジーは舌の形を短時間に複雑に変化させることができず、訓練してもヒトのような音声言語を発することはかなり難しいということがわかりました。

●単語は覚えても……

音声言語は難しいので、1960年代にアメリカのネバダ大学ガードナー夫妻は、ウォショウという名前のチンパンジーに手話を教える試みを始めました。ウォショウはたくさんの単語を覚えただけではなく、簡単な文もつくったし、「水」「鳥」という手話を組み合わせて水鳥を表現するなど、この試みは成功したかに見えました。しかし、アメリカのコロンビア大学のテラスらが1970年代にニムというチンパンジーに同じように手話を教え、単語をどのくらい組み合わせるかを系統立てて調べたところ、ニムは100を超える単語を覚えたにもかかわらず、3歳を過ぎても1つの文の長さは、平均して1・5単語程度にすぎませんでした。一方、ヒトはふつうに発達すると、2歳を過ぎたころには4語以上の単語を組み合わせて発話します。耳の聞こえない子どもでも、4歳までには手話の表出で同じレベルに達します。ウォショウはニムよりも、より文に近いものをつくったという議論や、ニムの訓練のしかたが悪かったのではないかといった議論もありますが、ヒトと同じように長い文をつくり出すのは簡単ではないようです。

手話でも正確に自分で「語」を形づくるのは、難しいかもしれません。そこでプリマック夫妻は、算出すべき「語」を目の前に具体的なかたちで用意することを考えました。彼らは色つきのさまざまなかたちのプラスチック片を用意し、それを語として、オペラント条件づけ（76ページ「4－1 動物たちの学びかた」参照）の手法で意味対象との関連をチンパンジーに訓練しました。

1970年代にはサベージ＝ランボーらヤーキス霊長類研究所のチームと室伏ら日本の京都大学霊長類研究所のチームが、それぞれ、プラスチック片の代わりにコンピューターに接続された絵文字（レキシグラムといいます）つきのキーボードを使った言語訓練を開始しました。ヤーキスのランボーらによって研究されたカンジという名のボノボは、キーボードを使って食べ物や遊びなどを要求することができたり、質問に対して答えられたりするなど、高度で複雑な「会話」をヒトと交わすことができるようになりました。京都大学霊長類研究所のチンパンジーたちは、色を見て対応する絵文字を選んだり、逆に絵文字を見て対応する色を選んだりすることができるようになりました。彼らは、色と漢字の対応も学習し、さらには絵文字と漢字との対応も学習することができました。これらプラスチック片やレキシグラムなどを用いた研究によって、知覚、概念、推論や数についての認識を調べることが可能になり、この半世紀の間でチンパンジーやボノボがヒトに似た高度な知性をもっていることが明らかになってきました。

●物真似上手はおしゃべりも上手

音声言語を訓練する試みは、意外にもヒトから遠い種で大きな成功を収めました。それは、ヨウムというオウムの一種で、ヒトの言葉の物真似が上手です。彼らの鳴き声を出すシステムは複雑で、短時間の間に音を頻繁に変化させることができます。

　アメリカのアリゾナ大学のペパーバーグらはヨウムに「モデル・ライバル法」という方法で音声言語を訓練しました。訓練生は2人です。1人は先生役で、ヨウムともう1人の訓練生にいろいろなことを尋ねます。質問に答える訓練生は、ヨウムのお手本（モデル）でもあり、そしてライバルでもあります。こうした訓練によって、アレックスというヨウムは、多くの語を覚えることができました。それだけではなく、アレックスは、さまざまなかたちや色の積み木片を皿に広げた状態で「赤はいくつ？」といった質問に対し「フォー（英語で4）」などと答えたり（図5-15）、指定された積み木の色や材質を「ブルー（青）」「ウッド（木）」などと答えたりするという高い能力を示しました。

　こうした言語訓練によって大型類人や一部の鳥類の優れた認知能力について多くのことが明らかになりました。でも、言語訓練ができないからといって、認知能力が低いというわけではあり

図5-15
ヨウムの音声言語の訓練のようす。いろいろな色の積木を見て、赤の積木の数を答えられるようになった

ません。この本のほかの項目からもわかるように、言語訓練によらずとも動物の心について多くのことを知ることができます。今後は、ヒトとヒト以外の動物の心を比較するとき、人間の土俵に乗せるのではなく、人間が動物と同じ土俵に乗って比較することがますます必要となるでしょう。

5-9 動物流のおしゃべり

●千葉大学文学部　牛谷智一

前項「5‐8 ヒトの言葉は覚えられる?」で紹介したように、ヒトの言葉を動物が覚えるのは簡単ではないようです。しかし、動物も仲間やほかの種と鳴き声や、身ぶりや、においや、その他のいろんな手段を使って「おしゃべり」をします。

見知らぬ人が近づくと、イヌは大声で吠えることがあります。まるでその人に「あっちへ行け!」とか、飼い主に「怪しい奴が近づいているから、気をつけて!」といっているかのようです。ネコもまた同じように飼い主に何かを鳴き声で伝えます。朝早くからカラスやスズメは鳴き声で何かを仲間に伝えているようです。彼らはなぜ鳴くのでしょうか?彼らの「おしゃべり」の意味をどうやったら知ることができるでしょうか?

●学習して出せるようになる警報音声

アメリカにあるロックフェラー大学のストルーゼイカーらの研究によって、アフリカにすむベルベットモンキーは、天敵が出現したときに発する3種類の警報音声をもっていることがわかりました。ヘビを見つけたときには、チャッチャッという音を出し、仲間は姿勢を高くしてヘビを確認しようとします(図5‐16)。空にワシを見つけたときには低いうなり声を発し、仲間は上空を見上げたり茂みの下に隠れたりします。ヒョウを見つけたときには大きく吠え、仲間は木に登って身を隠します。単に仲間も同時に天敵を見つけて逃げただけじゃないか、と考える人もいるかもしれません。そこで同大学のチニーとセイファースは、実際には天敵がいないときに、茂みに隠したスピーカーから彼らの音声を再生したところ、サルは音声に対応する逃げかたをしました。これは、彼らが音声の意味、つまり迫っている天敵の種類（あるいはその天敵に対するふさわしい逃げかた）を理解していることを明らかにしています。

このベルベットモンキーの警報音声は、ヒトの言語と共通の側面をもっています。まず、警報音声そのものは、音声の示す天敵の種類（あるいは逃げかたの種類）と類似していません。これはヒトの言語の「単語」が、その指し示す対象と類似していない点と同じです。例えば、「リンゴ」という文字もその発音も、現実のリンゴとはまったく似ていませんね。サルのチャッチャッという音もヘビそのもの

図5-16
ヘビを見つけると、チャッチャッという音を出すベルベットモンキー

とは類似していません。また、ベルベットモンキーは、生まれながらにして警報音声に正しく反応したり、場面に応じた適切な警報音声を発したりすることができるわけではありません。生後4年ぐらいの間にサルは音声の「意味」を学習し、学習するまでは不正確な音声を発することが知られています。つまり、「本能」にしたがった行動ではないのです。この点も、彼らの警報音声がヒトの言語と共通する点です。

●ヒトの言語との違い

しかし、ヒトの言語と異なる側面も多数あります。第1に、この音声が発せられるのは、実際に警戒や逃避が必要な事態だけだという点があげられます。警報音声の受信者は、実際に天敵を目にしなくとも逃げますが、発信者が音声を発するには、実際に天敵に出くわす必要があります。当たり前のように思われるかもしれませんが、私たちヒトは、例えば「先生がいない間にお弁当食べちゃえ」などと、先生が実際にそこにいなくても「先生」という言葉を使って情報を伝えることができます。このように自発的に、場面とは無関係にいつでもその単語を出せるからこそ、他者と知識を共有できます。

第2に、サルの音声のレパートリーはきわめて限られています。それに対して、私たちヒトの言語は無限ともいえる単語のレパートリーをもっています。音声を要素に分解すると、それほど多くのレパートリーがあるわけではありませんが、それらを組み合わせることでほかの動物には見られない多様な情報を伝えることができます。

第3に、入れ子構造をつくることができる点です。「牛島君が、猿島君が部活をやめる、っていってたよ」というように、文章（「牛島君がいっていた」）のなかに別の文章（「猿島君が部活をやめる」）を入れ込むことができます。

このようにヒトの言語の諸側面は、動物のコミュニケーションとは大きく異なっているように思われます。ただし、第1の点については、ベルベットモンキーの警報音声とは違い、文脈に束縛されないコミュニケーション形態が報告されています。

●個体特有の声でおしゃべり

例えば、イルカは、その個体だけがもつ音声信号を発するという報告があります。「シグネチャー・ホイッスル（署名音声）」と呼ばれるその音声が発せられると、どの個体が泳いでいるのかわかるわけです。「私よ」という合図なのかもしれません（200ページ「6-4 仲間の見分けはどうやって？」も参照）。おもしろいことに、その音声を模倣する行動も報告されています。「私よ」「お前か」とでも会話しているのでしょうか。署名音声の意義は完全には解明されていませんが、何か目の前に対象が現れたときだけ発せられるわけではない点で、ヒトの自発的な発話に近いものです。また、先に紹介したチンパンジーやボノボがプラスチック片やレキシグラムを使って食べ物を要求したりするのも、実際に目の前に餌がないのに自発的にそれに言及する事例の1つでしょう。ただし、プラスチック片やレキシグラムによるコミュニケーションはチンパンジーやボノボが自然界で訓練なしにおこなっていることではないので、これらの種本来の自然なコミュニケーションの形態とはいえません。

●ミツバチの言語とは?

ヒトから遠く離れた種ではどうでしょうか? ミツバチの尻ふりダンスはよく知られています。ミツバチを1匹、巣箱から数10メートル離れたところにある砂糖水を入れたお皿に連れてきます。ハチは砂糖水を0・05ミリリットルほど体に蓄えると、巣に戻って行きます。ハチは巣に戻って仲間を見つけると、自らの砂糖水を受け渡し、そしてこんどはダンスを

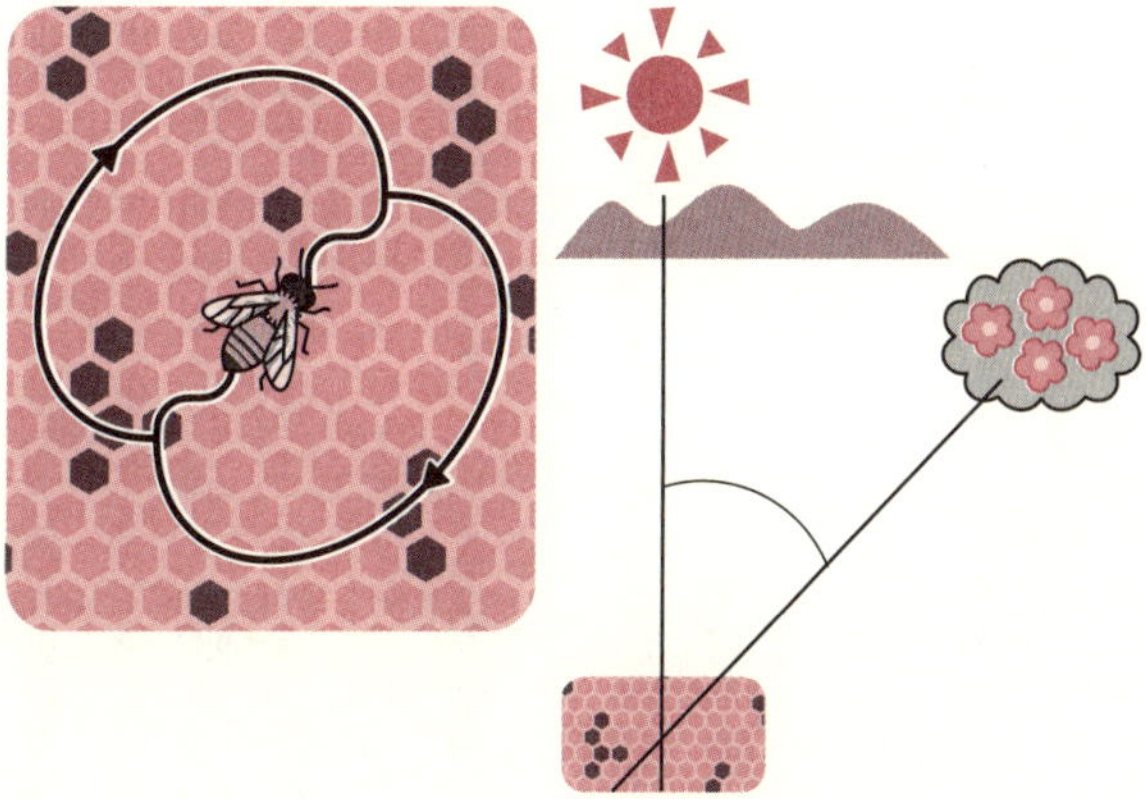

図5-17
ミツバチの尻ふりダンスが鉛直方向となす角度は、巣箱から太陽の方角に向かったときの餌場との角度を示す

します（図5‐17）。お尻をふりながら進み、ある程度進んでは、8の字を描くように最初の場所に戻って、またお尻をふるダンスを繰り返します。お尻をふりながら進む方向は、鉛直上向き方向から少しずれています。このずれは、ちょうど太陽の方角と巣箱を結ぶ線から、砂糖水の方向がどれほどずれているかに一致しています。尻をふって進む時間は餌場までの距離に比例しています。ダンスを観察した巣の仲間は、そうやって餌場の距離と方向を知ります。さらに、1回のダンスで尻をふりながら進む回数は、多いほど餌の価値が高いことを表し（例えば蜜の糖度が高い）、また、ほかのハチによるダンスの妨害によってダンスの指し示す先に危険があることを示すことができます。このような情報伝達を経て、ハチが再び砂糖水に戻ってくるときには仲間がついてくるのです。

この一連の過程は、巣箱から数10メートルの距離の餌場ならば、3～5分しかかかりません。そしてハチはこれを数キロメートルの距離でもやってのけ、朝から夕方まで何度でも繰り返しておこないます。ハチのような小さな体にも仲間とのコミュニケーションを可能にする認知能力が備わっています。

ベルベットモンキーの警報音声やミツバチのダンスを通じて見たように、ヒトのコミュニケーションとは似ていても似ていなくても、動物のコミュニケーションは私たちに多くのことを教えてくれるのです。

5-10 時間はわかる？

同志社大学心理学部　畑　敏道

カップラーメンにお湯を入れて、1分、2分。もう3分経ったかなという頃合いを見てふたを開けると、いいにおいです。麺の硬さもちょうどいいようです。時計がなくても、私たちには時間の長さがだいたいわかりますよね。カップラーメンをつくるときのように、数秒〜数時間くらいの範囲の時間の長さを測ることを「インターバルタイミング」と呼びます。次のような実験から、ヒト以外の動物にもインターバルタイミングの能力があることがわかっています（図5-18）。

ネズミのインターバルタイミング

アメリカのブラウン大学の心理学者チャーチとデリューティは、「間隔二等分課題」という方法でラットに時間の長さを判断させせました。使ったのは出し入れのできる2つのレバーが備えられた小部屋です。訓練が始まると、部屋の照明が2秒間、あるいは8秒間消され、その後再び点灯されます。その直後、左右2つのレバーが出てきます。消灯時間が2秒だった場合には左側、8秒だった場合には右側のレバーをラット

図5-18
ネズミも「だいたい○分」がわかる「インターバルタイミング」をもっている

が押せば「正解」となり、ラットはご褒美の餌をもらえます。そしてレバーは次の訓練に備えて引っ込みます。このような訓練を1日に数10回、何日間にもわたっておこないます。訓練の結果は図5‐19aのとおりでした。消灯時間が8秒だった場合（○）には、正解である右レバーを押す割合がどんどん増えていきましたが、消灯時間が2秒だった場合（●）には、不正解である右レバーを押す割合が減っていきました。つまりラットは、2秒か8秒かという時間の長さを区別していたといえます。

しかし、時間が長いか短いかによって別々のレバーを押させるというこのやりかたは、「カップラーメンをつくるために3分間の長さを測る」のとは少し違うことのようにも思えますね。では、こんなやりかたはどうでしょうか。

同じくブラウン大学の心理学者ロバーツは、「ピークインターバル手続き」と呼ばれる方法を考案しました。この課題には2種類の訓練が含まれます。一方は「餌の出る訓練」、もう一方は「餌の出ない訓練」です。「餌の出る訓練」では、音が鳴り始めると同時に1つのレバーが部屋のなかに入れられ、訓練が始まります。音が鳴り始めてから40秒経過するまでは、ラットがいくらレバーを押しても何もおこりません。しかし40秒経過後にラットが1回でもレバーを押せば、ラットはご褒美の餌にありつけます。それと同時に音が鳴り止み、レバーが引っ込みます。この時点で「餌の出る訓練」は終了です。一方の「餌の出ない訓練」でも、「餌の出る訓練」と同様に訓練が始まります。ところが、ラットがいくらレバーを押そうとも、いっこうに餌は出てきません。やがて80秒ほど経過したところで、動物の行動とは一切無関係に音が鳴り止み、レバーが引っ込みます。この時点で「餌の出ない訓練」は終了です。

ラットは「餌の出る訓練」と「餌の出ない訓練」をでたらめな順序で何度も経験します。充分な訓練のあと、「餌の出ない訓練」だけに注目し、ラットがいつ、どのくらいレバーを押したのかを分析しました。すると図5-19bに示したように、レバー押し回数は音が鳴り始めたころには少なく、40秒くらいで最大となり、その後再び少なくなる、というように変化しました。つまりラットは、どのくらい時間が経過すれば餌にありつけるかということを判断できていたと考えられます。どうでしょう、これなら「カップラーメンというご褒美にありつくために3分間の長さを測る」のと似ていませんか?

こんにちでは、ミツバチ、魚、カメなどにもインターバルタイミングの能力があることが知られています。

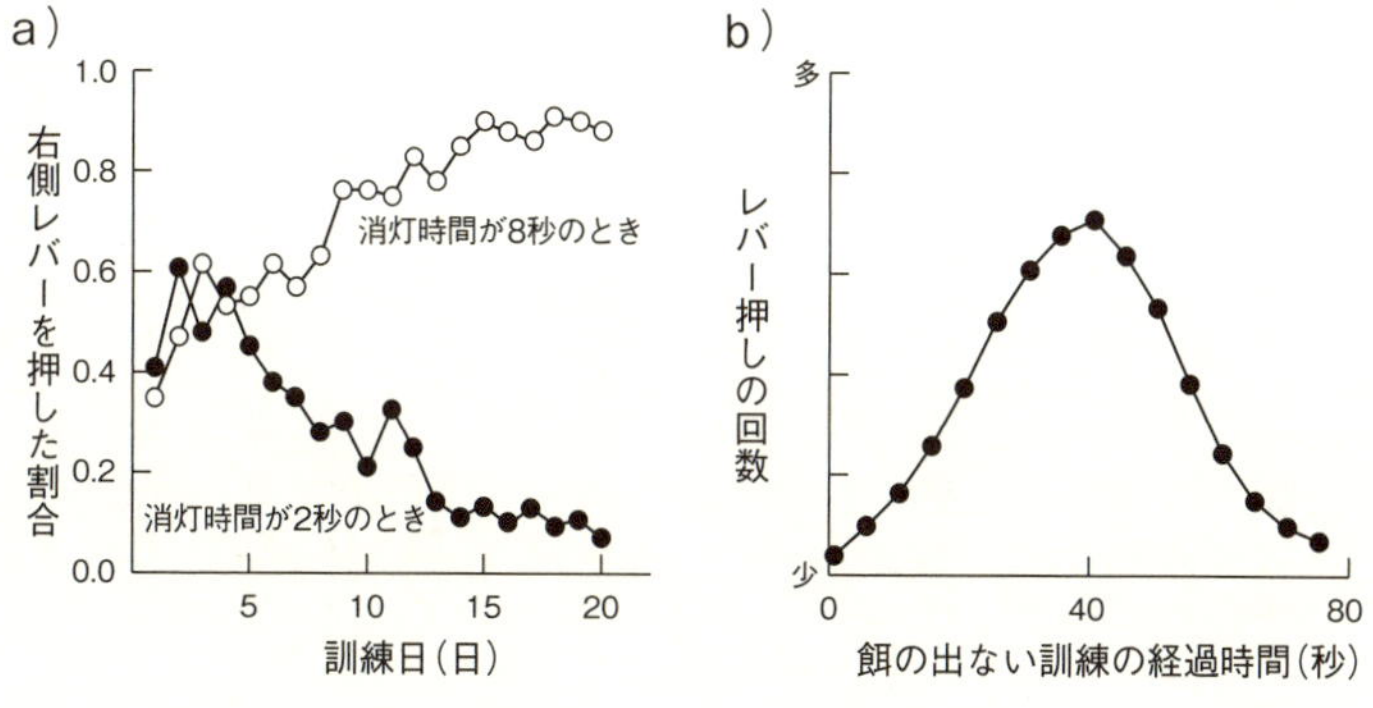

図5-19
a) Church & Deluty (1977)より作図。○は消灯時間が8秒のときに、●は消灯時間が2秒のときに右側レバーを押した割合。横軸は訓練の日数を表す
b) Roberts (1981)より作図。縦軸はレバー押しの回数、横軸は音が鳴り始めてからの経過時間を表す。およそ40秒経過後に最もレバー押し回数が多くなっている

5-11 迷子はごめん！　道はどうやって学ぶ？

●千葉大学文学部　牛谷智一

多くの人は、毎日どこかへ出かけます。いつも訪れる場所とは違うところや行き慣れないところに行くときは、簡単にはたどり着けないので、誰かに道を聞くか、さもなければ地図のお世話になるしかありません。逆に、通い慣れた学校やアルバイト先なら、地図を使う必要はなく、目をつぶってでもたどり着けそうです。

その違いは何でしょうか？　あなたの頭のなかにある何かが、それを可能にしているはずです。

●頭のなかに地図がある

目的地にたどり着く最も単純な方法は、目印を使いながら次々と（連鎖的に）行動をつなげていく方法です。家の前の道をまっすぐ進み、赤いポストが見えたら左に曲がる、踏切を超えて次の角で右に曲がったら左手に目的のケーキ屋さんが見える、といった具合に、目印を見つけるたびに次の行動に移行します。しかし、この方法は柔軟性に欠けます。学校からの帰りにそのケーキ屋に寄りたいと思っているけれど、単に行動のつながり（行動の連鎖）で道を覚えているだけなので、一度家に帰らないとケーキ屋にたどり着けません。こんなとき、もし頭のなかに地図（図5‐20）があったら、もっと柔軟に行動ができるでしょう。近道を見つけたり、ある道が使えなくなったりしたときの迂回も容易です。頭のなかにあるこうした地図を「認知地図」と呼びます。

ヒト以外の動物も巣から出て、天敵をうまく避けながら餌を探したり、仲間を見つけたりしなければいけません。目的地までの経路を探し出すことをナビゲーションといいます。動物の頭のなかにもナビゲーションのための「認知地図」があるのでしょうか？

●頭のなかで地図をつなげるハト

アメリカのタフツ大学のブレイズデルとクックは、ハトの「認知地図」を次のような方法で調べました。図5‐21のステージ1のよう

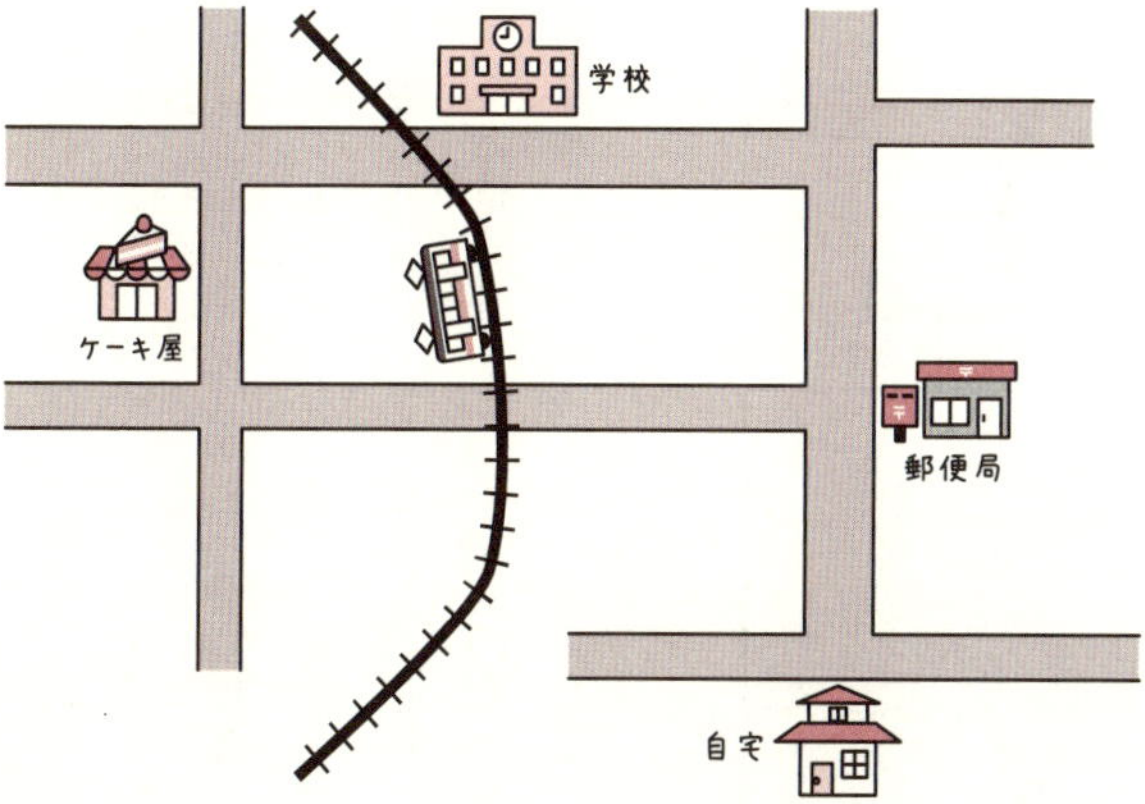

図5-20
ヒトの頭のなかにはナビゲーションに役立つ、このような「認知地図」があるため、柔軟な行動ができる

に、まず、部屋におかれたT型とL型の目印の位置関係を学習させました。TとLの部屋のなかでの位置は変わりますが、互いの位置関係は一定です。ステージ2では、目印Tだけを提示し、餌を探させる訓練をします。部屋には複数の不透明のカップが配置されており、1つだけに餌が入っていました。試行ごとに違う場所におかれたTから一定の方向と距離にあるカップから餌を探し出すことを学習したのち、こんどはLだけを目印にしたとき、どこのカップを探すかを調べたところ、ハトはステージ1で学んだTとLの関係を利用し、Lの位置から推測される「仮想上のT」からの位置にあるカップを探索しました。このことは、ステージ1とステージ2で学習した2セットの位置関係をハトが頭のなかで統合していることを示します（専修大学の澤らは、この課題をコンピューター画面上でシ

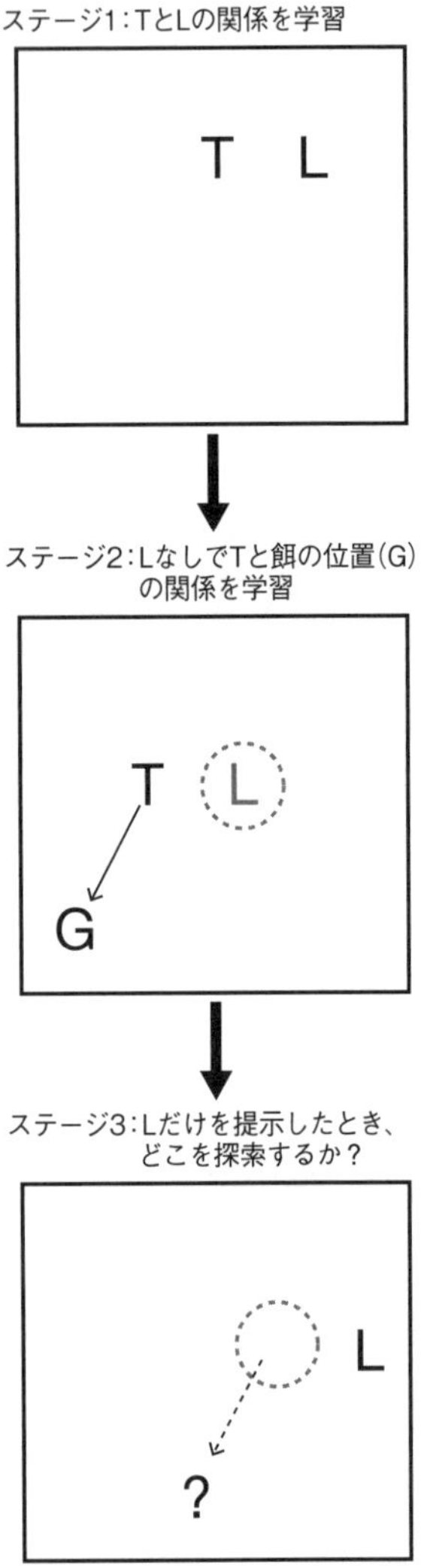

ステージ1：TとLの関係を学習
T L
ステージ2：Lなしで Tと餌の位置(G)の関係を学習
T L G
ステージ3：Lだけを提示したとき、どこを探索するか？
L ?

図5-21

ミュレートし、同じ結果を得ています）。別々に学んだ位置関係を1つにまとめあげるプロセスは、認知地図の重要な証拠の1つだと考えられています。

また、認知地図が頭のなかにあれば、近道やいつもの経路が使えない場合の迂回などが可能になるでしょう。動物も近道や迂回ができるでしょうか？

●方向と距離の情報で歩くサバクアリ

サバクアリは、体長は1センチほどしかありませんが、餌を求めて巣穴を出て、砂漠の上を100メートル以上も歩きます。餌はどこにあるかわかりませんから、巣穴を出てグルグルと、いろいろなところを探索します。しかし、餌を見つけて巣に戻るときは、まるで巣穴が見えるかのように数10メートルの距離を一直線に帰ってきます。巣穴から特別なにおいが発せられているわけでもなければ、巣穴が遠くから見えるようになっているわけでもありません。このような、いわば「近道」は、認知地図の証拠のように思われます。

しかし、彼らは地図を使っているわけではないようです。スイスにあるチューリッヒ大学のヴェーナーの研究によって、サバクアリは、それぞれの方向にどの程度の距離を進んだかを記憶していることがわかりました。方向と距離の情報は、いわばベクトルの情報です。ベクトルを次々足し合わせていくと、いま、巣穴からどの方向と距離にいるのかがわかります。巣に帰るときはベクトルの矢印を逆さまにするだけです（図5 - 22）。認知地図とはいえないにせよ、経路統合と呼ばれるこの方法は、砂漠のような手がかりが少ない場所ではたいへん優れた空間探索のしかたといえます。ただし、サバクアリは条件によってまわりの視覚的な目印を使ってナビゲーションすることも知られています。

柔軟なナビゲーションは多くの動物にとって大切なものです。1つの情報だけでなく、複数の情報を互いにバックアップとしてもっておく必要もあります。そうしないと、ある目印が消えただけで、家や巣に帰れなくなるかもしれません。認知地図のようなものばかりではなく、太陽と時刻との関係から東西南北を決定したり（太陽コンパス）、においや、そのほかのさまざまな手がかりを使ったりすることも可能で、多くの動物はそれらを総合的に利用していると考えられます。だからこそ、例えばアリは体長の1万倍の距離を歩いたあと巣穴まで戻り、ハトは1000キロ以上も離れた土地で放鳥しても巣に戻ってこられるのでしょう。動物の優れたナビゲーション方略を理解し、ヒトのそれと比較することで、ヒトのナビゲーションの長所と短所を知ることができ、将来的にはヒトにとって利用しやすいナビゲーションシステムの開発につながるかもしれません。

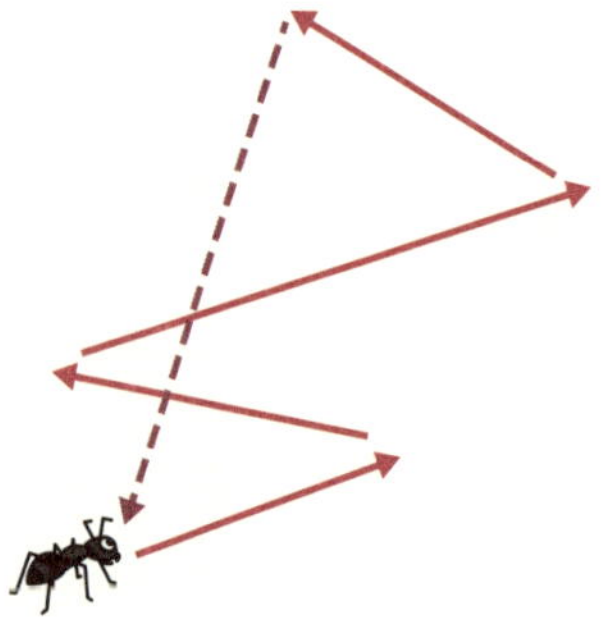

図5-22
認知地図をもたないサバクアリの帰巣方法

第6章

動物は仲間を気にかける？

6-1 動物は仲間から学べるか？

●専修大学人間科学部　澤　幸祐

私たちは毎日、さまざまな他者とかかわって生きています。自分が経験できる事柄は限られていますので、仲間たちが経験して身につけた知識や行動を学習できるのは、とても便利な能力です。自分の直接的な経験ではなく、ほかの仲間から学ぶことを、心理学では「社会的学習」と呼びます。動物たちも、仲間たちから何かを学んでいるのでしょうか。

●仲間の「におい」で食べ物を判断

食べ物の好き嫌いについて考えてみましょう。野生動物たちは、食べても安全なもの、食べては危険なものを選別しなければなりません。新しい食べ物を仲間が食べて体調を崩したならば、自分も食べないようにしたほうが安全です。カナダのマクマスター大学のガレフらは、ラットに対して新しい食べ物を与えたあとに体調を崩すような薬物を与え、その後、別のラットと同じ箱に入れることで「食べ物の好き嫌いが伝達されるか」を調べました。その結果、このラットは仲間が食べて体調を崩した食べ物を避けるようになることがわかりました。これは、ラットが仲間に「あの食べ物は食べないほうがいいぞ」と教えたのではなく、体調を崩したラットが出すにおいを手がかりにして学習が生じた結果だろうと考えられています。

●「模倣」かどうか、それが問題

では、「仲間を真似て何かを学ぶ」ことはできるでしょうか。模倣という言葉は、仲間の行動を見て同じような行動をとるときに広く使われていますが、多くの意味合いを含んでいます。例えば、空腹な動物が食べ物を食べ始めるところを見ると、満腹の動物がまた食べ物を食べ始めるという実験がありますが、これは模倣ではなく、「伝染」あるいは「社会的促進」と呼ばれます。動物研究では、食べ物を食べるといった生得的な行動ではなく、まったく新しい行動が見られないと「模倣がおこった」とは解釈しません。では、「レバーを押す」というような新しい行動ではどうでしょうか。例えば、親ネコにレバーを押せばご褒美がもらえることを学習させたとします。レバーを押している親ネコを子ネコが観察し、レバーを押すようになったとしたら、これは模倣といってもいいでしょうか？確かに子ネコは親ネコの行動を真似たように見えますが、動物研究者たちはこうしたようすを本当の意味での模倣とは考えません。親ネコという注意を引く刺激がレバーを押している状況は、レバーに対する子ネコの注意を引きつけ、そのせいで子ネコが「偶然レバーを押す」という行動を出しやすくなります。これを「刺激強調」、あるいは「局所的強調」と呼びます。レバーという刺激が親ネコの存在によって目立つものになっただけで、レバーを押すという行動自体は子ネコが自分で学習したものだというわけです。

ほかにも、仲間の行動を模倣しているようでも別の解釈ができるような事例はあります。こうして見ると、ヒトがおこなうように仲間の行動を真似る、模倣するというのは相当に難しいことだといえます。チンパンジーの赤ちゃんは、ヒトの赤ちゃんと同様に大人の表情を真似る、いわゆる新生児模倣を示すことがわかっていますが、体全体を使って他者の行動を真似ることは、チンパンジーでも困難なようです。ヒトの子どもは、大人の身ぶりをそのまま真似るということをしますが、チンパンジーなどでは、同じ目的を達成するための別の行動をとることが多いといわれています。また彼らは、他者が行動のなかで用いた道具、行動の結果として手に入れた食べ物などといった具体的な環境から学習することが多いと述べる研究者もいます。本当の意味での模倣のためには、対象がおこなっている行動を真似るだけではなく、相手がどういう意図でその行動をおこなっているかを理解していなければならないという主張もあり、模倣を巡るヒトとほかの動物たちの違いについて現在も研究が続けられています。

●技の伝達のスピード

一方で、京都大学霊長類研究所の山本真也（現神戸大学）らの最近の研究では、チンパンジーが「仲間の技を盗む」ことが発見されました（図6 - 1）。研究に参加したチンパンジーたちは、ストローを使ってジュースを吸うという道具使用をおこなうことができますが、ストローの使いかたによってジュースを吸う効率が異なります。研究では、効率のよい道具の使いかたをするチンパンジーと、効率の悪い使いかたをするチンパンジーをペアにすることで、効率の悪い使いかたしかしていなかったチンパンジーたちが最終的には効率のよい使いかたをするようになることがわかりました。私たちの社会ではこうした「技の伝達」が文化の形成に重要ですが、動物でも同様のことがおきているのかもしれません。

他方、チンパンジーでは、効率は変わらなくても、集団のなかで多くの個体がおこなっている行動に、各個体の行動がしだいに収れんしていくことを示した研究もあります。

とはいえ、ヒトに見られる文化の進化は、ほかの動物には見られないほど速いことも事実です。

図6-1
動物も技を盗む

50年前と現在の私たちの生活はまるで異なっていますが、野生チンパンジーの継続観察が開始されてからのこの50年の間、彼らはそれほど大きな文化の変革を遂げたようには見えません。ヒトは模倣が際だって巧みで、行動の細部まで真似をすることができるので、集団の誰かが新しい行動を発明すると、あっという間にそれが集団に広まり、定着します。そうすると、次の世代はこの一歩進んだところからスタートし、どんどん文化が変わっていくのです。マックス・プランク進化人類学研究所のトマセロたちは、これを逆回転防止機能のついた歯車になぞらえて「ラチェット効果」、その結果として生じる急速な文化の変化を、「累積的文化進化」と呼んでいます。

動物たちはヒトとまったく同じように仲間の行動を真似することができるわけではありません。しかし、食物の好き嫌いの伝達や刺激強調による学習の促進など、仲間たちの行動などから動物も多くのことを学んでいることも確かなのです。

6-2 鳥の歌には文化がある？

●愛知大学文学部　関　義正

「カナリア」と聞いて「歌」を連想する方はたくさんおられます。実際に「鳴禽類《めいきんるい》」（英語ではソングバード）に分類されるカナリアやブンチョウなどはきれいな声でうたいます。鳥の「歌」または「さえずり」とは、いくつもの音のパターンが次々と発せられる鳴き声のことで、「ピーッ」とか「チュン」という「地鳴き」とは明確に区別されます。

●鳥の歌は学習によって受け継がれる

鳥はなぜうたうのでしょうか。歌はおもに縄張りの主張と防衛、メスへの求愛に用いられます。そのため、多くの種ではオスの成鳥だけが歌をうたいます。

鳴禽類の鳥たちは、手本となる歌を聞き、練習しながら手本によく似た歌をうたうようになります（図6‐2、6‐3）。でも、手本があれば、いつでも、どんな歌でもうたえるようになるわけではありません。さえずりには鳥の種ごとに特徴があり、獲得できる音のバリエーションの数も種によって異なります。例えば、ヒナの時期に限って歌を学習する種もあれば、成鳥でも新しい歌を覚えられる種もいます。また、単純なパターンしか覚えない種もいれば、ヒトの言葉のような音でさえ上手に真似るキュウカンチョウのような種もいます。

比較のために、鳴禽類ではないニワトリについて考えてみます。ニワトリのヒナ（ヒヨコ）は、単独で飼われていても成長してオンドリになると、「コケコッコー」と鳴くようになります。一方、ヒヨコにほかの鳥の歌を聞かせても、それに似た歌をうたうようにはなりません。ニワトリの鳴き声は遺伝的に決まっているからです。

鳴禽類にとっても、うたうこと自体は遺伝しますから、単独で飼育されたヒナも成長すればさえずります。しかし、その歌は、種の特徴を含んではいるものの、音が汚くて明らかに異常です。歌のパターンは生後に獲得されるため、きちんとうたえるようになるには手本となる歌（多くの場合、父鳥の歌）を聞く経験がたいへん重要になるのです。

このように、鳥の歌は、親から子へと世代を超えて伝わります。ですから、同じ種でも巣ごとに歌が異なります。これは遺伝によるものではありません。というのは、巣間で卵を取り替えると、卵からかえったヒナは、実父ではなく養父の歌をうたうようになるからです。このことは、野生でも飼育下でも繰り返し観察されています。

●鳥の歌は「文化」として伝わる？

さて、鳥が周囲から聞こえる歌を手本とするのなら、家族よりも広い範囲で歌が共有されることもあり得そうな気がします。北アメリカに生息するミヤマシトドという鳥に

図6-2
鳴禽類と呼ばれる、さえずる鳥たちの多くは、父親のさえずりを手本に練習を重ねることで自身の歌を獲得する。子どものころ、早くに親から引き離されてしまうとあまり上手にうたえない

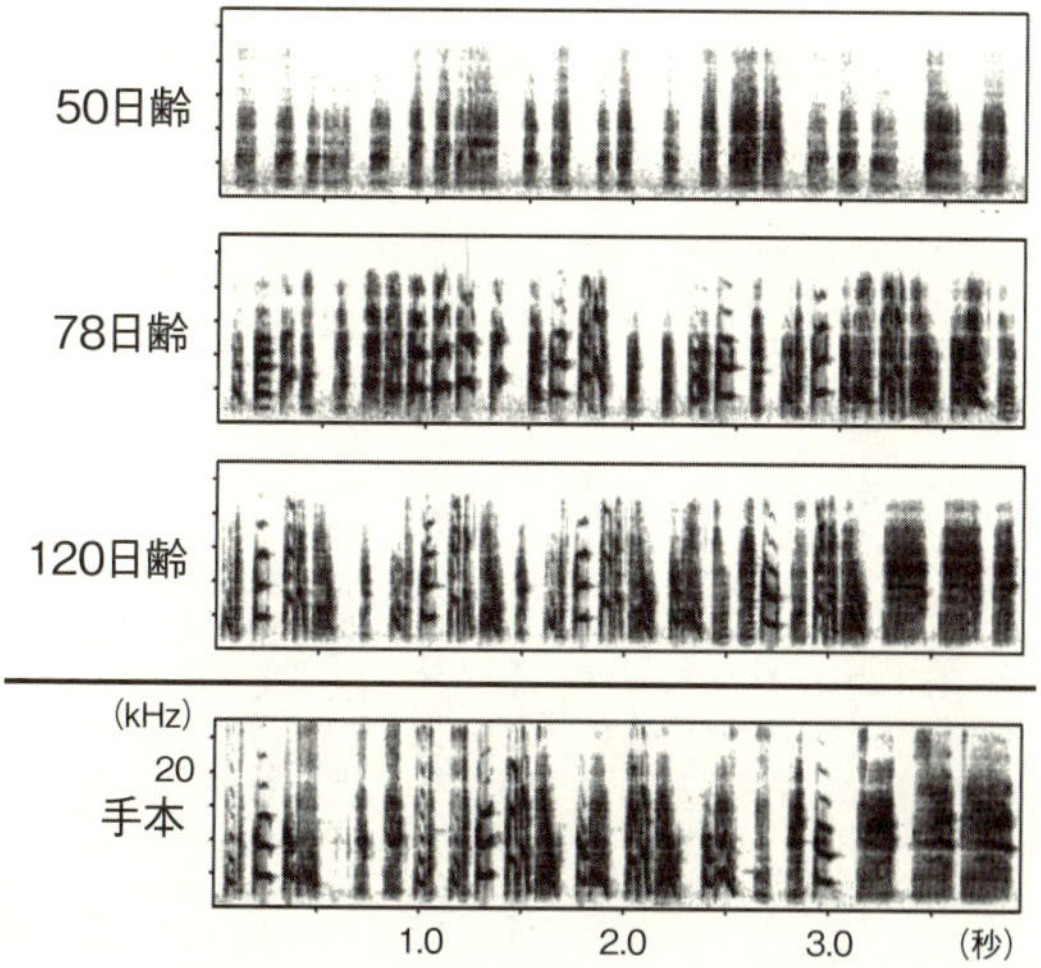

図6-3
ヒナの成長に伴い、歌が練習によって手本に似ていくようすをサウンドスペクトログラムにより図示したもの（ジュウシマツの例）。縦軸が周波数、横軸は時間を表す
（音声データ提供：東京大学 岡ノ谷研究室）

は、実際にそのような現象が見られます。この鳥の歌は特徴的で、みな同じように聞こえますが、よく調べてみると、山によって隔てられたそれぞれの地域の集団ごとに、歌の特徴が異なることがわかりました。いわば「方言」があるわけです。

さて、ほかの個体に何らかの性質や特徴を伝達する手段としては、まず遺伝が挙げられますが、それ以外の方法もあります。例えば、日本語は日本人の間を伝わってきましたが、「日本語遺伝子」があるわけではないので、外国人でも日本で生まれ育てば日本人と同じように日本語を話せます。言語能力は遺伝しますが、言語そのものは遺伝しません。世代や集団を超えて、遺伝子を介さずに受け継がれる言語や習慣のようなものを「文化」だとすれば、これまで見てきたことからして、鳴禽類の歌も文化的に伝わるといえます（186ページ「6-1 動物は仲間から学べるか?」も参照）。歌の個々のパターンは遺伝子に刻み込まれていませんが、鳥から鳥へと伝わるのです。

それでは、父鳥が死ぬなどして、手本となる歌を聞くことができないような場合はどうなるのでしょうか。その鳥の子孫は、それ以降ずっと、まともな歌がうたえなくなってしまうのでしょうか?

●歌の文化進化

2009年に、アメリカのニューヨーク市立大学のフェーヘルらは、鳴禽類のキンカチョウを用いて、手本となる歌がない状態から、鳥たちが新たな歌をつくり出す過程を調べました。まず、卵が産まれたあと、父鳥を別の巣に移し、防音室のなかで母鳥だけにヒナを育てさせます。メスは歌をうたわないので、ヒナは手本となる歌を聞けません。その結果、息子たちは（その種の特徴をある程度含む）出来の悪い歌をうたうようになります。さて、そのような息子も成長してメスとつがうと、やがて父鳥になります。この世代ではそれら父鳥と母鳥が一緒に息子を育てられるようにします。ですから、その息子たちは、父親の出来の悪い歌を手本に歌を学習します。それらの息子たちも成鳥になり、やがて父鳥として息子をもうけます。その息子たちも……、というように世代を重ねていきました。すると、それら出来の悪い歌のなかに見られる、その種の歌の特徴的な部分が積み重なり、しだいにふつうに育った鳥がうたうような歌らしい歌になっていくことがわかったのです。フェーヘルらは、その歌が生物の遺伝子の変化によらず文化的に伝達される過程で進化したという意味で、この現象を「文化進化」と表現し、大きな話題となりました。

6-3 動物って子どもの教育に熱心なの？

●京都大学霊長類研究所　友永雅己

私たちヒトの社会と教育は切っても切れない縁があるのではないでしょうか。いわゆる学童期から青年期だけでなく、生まれてから死ぬまで、ずっと教育漬けといってもいいかもしれません。教育とは他者に自分のもっている知識や技術を教えることです。では、他者に何かを教えるという行動はヒト以外にも見られるのでしょうか。

●教えるために必要なこと

186ページ「6-1　動物は仲間から学べるか？」のなかに出てくるのは、学習者がどんなふうに仲間から主体的に学んでいくのかという「社会的学習」と呼ばれる話でした。それに対し、ここでお話しするのは、学習のお手本となるモデルの側の問題です。ヒト以外の動物における社会的学習の研究は、ここ20数年の間に大きく進展したのですが、そのほとんどが「いかにして学んでいるのか」という学習者の側からの研究で、モデルの側が「教える」ことがあるのか、あるならば、どのように教えているのか、という「教育」に関する研究は非常に少ないのが現状です。

モデルの側が学習者に対して「教える」という行動をとるためには、まず目の前にいる個体が初心者なのか技術をある程度もっているのかを見極め、どのレベルの情報を与えるべきなのかを判断しなくてはいけません。また、その初心者がモデルに教えてほしいと思っているのかどうかも見極めないと、ただのおせっかいになってしまいます。後者は他者の心の理解、つまり「心の理論」と直結する問題です（233ページ「6 - 10 仲間の知っていることは見抜ける？」参照）。一方、前者は他者の行為の評価です。フィギュアスケートの審判みたいなものでしょうか。チンパンジーやフサオマキザルでは道具使用の初心者は上手な個体をよく観察することが報告されています。でも、何を手がかりに「他者の行動の上手さの判断」をおこなっているのかという研究は皆無ではないかと思います。

他者に何かを教えるためには、このように、その個体の「心」を読む必要がある、だからヒト以外の動物には「教育」は存在しない、という意見もあるでしょう。しかし、他者の心の状態を読まなくても「教育」は可能だと考える研究者もいます。心理学のように、教育の「メカニズム」を探ろうとするのではなく、なぜ「教育」が進化してきたのかということを考えてみるのです。「教育」の適応的意義、といってもいいでしょう。答えはシンプルです。「教育」によって他者が知識や技術を身につけ、その結果として自分のもつ遺伝子が、より後世に残りやすくなるのであれば、そのような行動は、進化の過程のなかで定着していくはずなのです。

この観点に立って「教育」を定義すると以下のようになります。

①モデルとなる個体は、初心者の前で、自分がふだんおこなっている行動を変化させる（例えば少しゆっくりわかりやすく踊ってみたりする）

②そのように行動を変化させることは、モデルにとっては少しコストのかかることかもしれない（あるいはそれによって直接的なご褒美が得られるわけではない）

③この結果として、目の前の初心者は、自分で試行錯誤するよりも効率的に知識や技術を獲得することができる

という3つの条件です。

●動物たちは教えるのか？

このような定義に照らし合わせると、動物の世界には、「教育」といっても差し支えない行動がいくつか見られます。例えば、イギリスのケンブリッジ大学のソーントンらは、ミーアキャットの親は子どもにサソリの捕りかたを教えることを報告しています。初めは殺したサソリを子どもに与え、子どもが上達していくにつれ、子どもにより元気なサソリを与えるようになっていくそうです。

ヒトに近縁な霊長類ではどうでしょうか。道具使用をおこなう霊長類として最も有名なチンパンジーでは、「教育」がおこなわれているのでしょうか。これについては、スイスのチューリッヒ大学のボエシュ夫妻による有名な研究があります。西アフリカのギニアや

コートジボアールに暮らすチンパンジーは、堅いヤシの実の種を台石の上に乗せ、別の石や木の棒でたたき割って、なかの核と呼ばれるところを食べることが知られています。ボエシュ夫妻は、この道具使用を延々と観察し、大人が子どもに積極的に道具使用を教える事例がどれくらい現れるのか調べました。すると、「教育」といっていいエピソードはわずか2例しか見られなかったのです。

では、チンパンジーの子どもたちは、どのようにして道具使用を学んでいくのでしょうか。これについては多くの研究がなされています。例えば、京都大学の平田聡らは、チンパンジーの子どもが、道具使用をおこなうお母さんなどの大人の行動を間近でじっくりと観察し、その後、自分でもその行動を試しながら学んでいく過程を詳細に観察しています（図6-4）。その間、大人は、見られているからといって、特に行動を変えません。「見て試す」というのが、チンパンジーの社会的学習のスタイルなのです。職人の世界での親方と弟子の関係に似ているので、このようなスタイルを「徒弟制に基づく教育」と呼ぶ研究者もいます。

図6-4
大人のヤシの実割りを間近で観察する西アフリカ・ギニアのチンパンジー
（提供：京都大学霊長類研究所）

6-4 仲間の見分けはどうやって?

●京都大学霊長類研究所　友永雅己

ヒトは他人をどのように見分けているでしょうか。おそらく最も重要な手がかりは顔でしょう。このことは、少なくとも、霊長類では共通しているようです。例えばアメリカのエモリー大学のポコーニーたちは、フサオマキザルが、同じグループで暮らす個体とそうでない個体の区別が可能なことを、視覚探索課題を用いて示しています。モニターに4枚の別々のフサオマキザルの顔写真を映し、そのうち1枚だけが、別の集団の個体（あるいは逆に自分の集団の個体）であるようにすると、その写真を適切に選択することができるのです。私たちがチンパンジーでおこなった実験でも、同じ結果が得られています。さらにおもしろいことに、チンパンジーはヒト同様、自分の集団の個体を未知の個体のなかから見つけることのほうが、その逆よりも、得意だったのです。私たちも、都会の雑踏のなかであっても友人の顔は比較的容易に見つけられるでしょう。でも、いつものクラスメートのなかに知らない人が混じっていても、実はそう簡単には気づかないのです。「ざしきわらし」現象といってよいかもしれませんね。

●さまざまな手がかりを駆使して

しかし、私たちは、仲間の見分けを顔だけに頼っているのではありません。声を聞いてもその人が誰かはわかります。あるいは、後ろ姿やシルエットでもわかるかもしれません。スパイのような特殊な訓練を受けた人は、足音やそのリズムのパターンから人物を特定できるでしょう。赤ちゃんは、もしかするとにおいや肌触わり、あるいは抱っこするときの癖などからお母さんを認識しているかもしれません。

このように、ヒトは、顔だけでなく、ほかの視覚情報やほかの感覚情報も積極的に利用して仲間を見分けているはずです。それぞれの感覚からの情報をまとめあげて1つのイメージ（といっても視覚的なものである必要はありません）をつくり上げることによって、それぞれの個体を見分けているのです。

ヒト以外の動物でも同様のメカニズムが働いている可能性は大いにあります。しかし従来の研究では、いきおい、特定の感覚からの情報に基づいて仲間を見分ける能力がどうなっているか、という点に焦点があてられ続けてきました。1つには、単独の情報でさえ、それが仲間の見分けにどのように使われているのかを詳しく調べるのには、手間がかかってたいへんだったということがあるのかもしれません。

●手がかりを組み合わせる

顔以外の情報による仲間の識別の例としては、音声の研究があげられます。例えば、ハンドウイルカには「ホイッスル」と呼ばれる笛の音のような音声があるのですが、これが個体ごとに少しずつ違うというのです。研究者たちはこのような音声をシグネチャー・ホイッスルと呼び、どの個体が鳴いたかの識別に使用しています（171ページ「5-9 動物流のおしゃべり」も参照）。おそらくこの音声は、イルカ同士の間でも個体識別に利用されているのではないかと考えられています（図6-5）。ちなみに、私が水族館のイルカを識別するときは、背びれや尾びれにある欠け傷のパターンでおこないます。これは巨大なクジラの個体識別にも利用されている方法です。ただ

図6-5
イルカは個体ごとに違う声を出している。声の違いは、仲間の見分けにも使われているようだ

し、水族館の飼育係の方々は、それ以外の手がかりも積極的に使っているようです。でも、よくよく聞いてみると顔は手がかりにならないそうですが。

さて、さまざまな感覚情報の統合として仲間を見分ける能力についてはどうでしょうか。このような、複数の感覚（モダリティー）にまたがる認識のありさまは、「クロスモダル知覚」などと呼ばれることもあります。京都大学霊長類研究所の泉明宏らやマルチネスらによるチンパンジーを対象とした実験では、同じ集団に暮らすチンパンジーの声を聞かせたあと、2枚の同集団内のチンパンジーの顔写真を見せて、どちらかを選ばせるという研究がおこなわれました。「いま鳴いたのはどっちの個体？」という課題ですね。チンパンジーでは、日常生活では必ず使っているに違いない視聴覚の情報の統合を、実験室でのコンピューターを用いたテスト課題にしてしまうと、とても難しいということが昔からよく知られていました。しかし、粘り強い訓練の結果、このようなクロスモダル知覚課題を習得したチンパンジーに、声による個体識別のテストを実施すると、結構、好成績を示したのです。チンパンジーは声と顔の対応づけができる、つまり複数の感覚情報の総体として個体をイメージしているのです。同じような結果は、京都大学の足立幾磨らによる、ニホンザルの赤ちゃんを対象にしたニホンザルの姿と音声の対応といった「種」の見分けといった場面でも見出されています。足立らはほかにも、イヌやリスザルが飼い主や飼育者の声を聞くとその姿を思い浮かべるらしいこと、アカゲザルが同じケージ室にいるアカゲザルの声からその個体の姿を思い浮かべるらしいことなどを示しています。ウマでも仲間や飼育者の認識について同様の結果が得られています。

ほかの感覚による仲間の見分けはどうでしょうか。例えば、におい。おそらく原猿類や新世界ザルなどでは、尿などのにおいで個体を識別しているはずです。また、多くの哺乳類が、自分の尿やフンを体にぬりつけたり、臭腺から出るにおいを木の幹などにこすりつけたりする「マーキング」という行動をします。このようなにおいの情報がほかの感覚情報とどのように結びついて「仲間」の認識にいたるのでしょうか？　あるいは、におい単独で個体識別をしているのでしょうか。まだまだ調べる余地はありそうですね。

6-5 動物にも喜怒哀楽はある?

●京都大学文学研究科　藤田和生

「お散歩行こうか?」

最後までいい終わらないうちに、しっぽをちぎれんばかりにふって駆け寄ってくるルナ。うちのミニチュアダックスです。重いヘルニアを経験して背中が丸くなっているのに、「腰なんかどうなったってかまわない、お散歩行きたいの!」といわんばかりに飛びついてきます。そんなことしたら準備できないでしょ。じゃれつけばじゃれつくほどに、お散歩行くのが遅れるでしょ。ちょっとは落ち着きなさいよ……。

動物にも感情があふれています。このようすは、小さな子どもたちに、「ハンバーガー食べに行こうか?」といったときの反応とウリ2つ。子どもたちはしっぽをふることはないけれど、全身で喜びを表現するそのさまは、ヒトもイヌも同じです。

逆に、イヌに「ハウス!」と命令したときのようすはどうでしょう。まずは「えっ? いま何ていった?」とばかりに飼い主をうかがい、冷たい視線を確認すると、次にケージのほうを見て、もう一度飼い主を見て、観念したかのようにケージのほうにゆっくりと歩いて行きます。このようすは、夜更かししている子どもに、「もう寝なさい」といったときの反応とそっくりです。親のほうを見て、自分の部屋に目をやって、しぶしぶパジャマに着替え始めます。部屋に行ったあとも、やれお布団が冷たいだの、お水が飲みたいだの、何やかにや理由をつけて戻ってきます。さっさと寝に行けば、それ以上叱られなくてすむのに、どうしてこうなんでしょうね（図6-6）。

こうした無駄な行動が、感情のなせる業だということに、誰も異論はないでしょう。この場面では、はしゃぐことや渋ることに適応的な意味はありません。うれしければはしゃぐし、悲しければ動作が遅くなるのは、それらが感情に支配されているからです。

●ヒトの6つの基本感情

アメリカのエクマンという心理学者は、ヒトには、幸せ、怒り、悲しみ、驚き、恐怖、嫌悪、の6つの基本感情があると述べています。これらに対してヒトは、どの民族でもほぼ共通な表情をつくります。確固たる生物学的な裏づけのある反応です。

基本感情は、ヒトでは大脳の

図6-6
動物と子どもの反応はよく似ている

「辺縁系」と呼ばれる領域でつくられると考えられています。辺縁系の構造は、哺乳動物では基本的に共通なこと、また辺縁系を電気刺激すると、怒りや恐怖を示す表情や姿勢の変化が生じること、恐怖を生じさせる部位を薬物などで働かなくすると、捕食者を恐れなくなることなどから、哺乳動物では基本感情はおおむね共通していると考えられています。

感情がヒトと動物で連続したものだという考えかたは、ダーウィンの『人及び動物の表情について』という本に遡ります。彼は、イヌやネコ、霊長類などに見られる姿勢や表情がヒトのそれと多くの共通点をもつことを指摘しています。

●「うつ」を招いたチンパンジーの深い悲しみ

進化の隣人であるチンパンジーでは、深い悲しみから「うつ」のような状態になってしまったという事例が報告されています。タンザニアのゴンベ国立公園のチンパンジーを観察していたグドールは、フリントという8歳のオスの悲痛な物語を報告しています。チンパンジーの8歳は、ヒトでいえば中学生くらい、母親からの自立と甘えが葛藤をおこす時期です。フリントは5歳のときに妹を亡くし、そのあと年老いた母親のフローに異常なほど依存するようになっていました。フローが老衰で亡くなると、フリントは亡きがらのそばで長時間すごしました（図6‐7）。そしてしだいに無気力になり、とうとう行方不明になってしまったのです。再び発見されたときには体調は最悪で、フローの死後3週間で旅立ってしまいました。グドールはその著書のなかで19年間に11例のみなし子を報告しています。みな初期にはうつ状態になりますが、多くはきょうだいなどに世話されて回復するのだそうです。フリントにはそういう近親者がいなかったのですね。

こんな話もあります。手話を学んだチンパンジーのウォショウは、2度の出産を経験しました。第1子は虚弱児で、生後4時間で亡くなりました。第2子のセコイアは元気に育っていたのに、やはり2ヶ月で死んでしまいました。ウォショウの落胆を見かねたトレーナーのファウツは、八方探し回って、やっとのことで、10ヶ月齢のルーリスを見つけ出し、手話でウォショウに「赤ん坊」と伝えました。するとウォショウは興奮して、何度も「うれしい!」「赤ん坊!」と手話でつづったのです。ところが、ファウツがルーリスを見せると、ウォショウの興奮は一気に冷め、力なく「赤ん坊……」とサインしたといいます。セコイアが帰ってくると思って喜んだのに、違う赤ん坊だとわかったとき、ウォショウの喜びは落胆に変わってしまったのではないでしょうか。でも結局その夜、ウォ

図6-7
チンパンジーも母親の死を悲しむ

ショウはルーリスを腕に抱いて眠りにつきました。

実験的な環境ではイヌも、うつのような状態になることが示されています。これについては、115ページ「4-10 動物がヘコむとき」をご参照ください。

マッソンとマッカーシーは、その著書『ゾウがすすり泣くとき』（河出書房新社）のなかで、似たような事例をたくさん紹介しています。霊長類だけではなく、イルカやゾウやイヌも同じように基本的な感情は共有しているのだと思われます。

6-6 動物は仲間の感情がわかる？

●京都大学文学研究科　藤田和生

さわらぬ神にたたりなし。機嫌の悪そうな上司のところにわざわざややこしい相談をもちかける人はいませんよね。友だちが元気のないときには、「どうしたの？」と優しく声をかけるでしょうし、調子がよさそうなら、「こんど旅行に行かない？」などと誘ってみたくなりますよね。

私たちはこんなふうに他者の感情状態を認識して、それに応じて巧妙に戦術を使い分けます。動物にも喜怒哀楽はあるというお話はすでにしました。では動物たちは、仲間の感情がわかるのでしょうか？

●チンパンジーに見られる仲直りの方法

ドゥヴァールという動物行動学者は、オランダのアーネム動物園のチンパンジー集団でよく見られた、メスによるオス同士のケンカの仲裁について書いています（図6 - 8）。チンパンジーのオスは集団内の順位争いなどで、激しい闘争をします。しかし仲間ですから、いつまでも仲違いをしているわけにもいきません。こうしたとき、オス同士は落ち着かないようすを見せながらも、互いに目を合わせようとはしません。仲直りしたいが、きっかけがつかめない、といった状況です。

このようなとき、年長のメスは、まず一方のオスに近づいて、キスをしたり、お尻を見せたりしてオスを誘います。するとオスは、メスをグルーミング（毛づくろい）したり、メスについて歩いたりするようになります。オスがついてこないと、メスはふり返ったり、腕を引っ張ったりして、他方のオスのところまでゆっくりと誘導していきます。すると2頭目のオスも、メスをグルーミングし始めます。つまりケンカの当事者同士が、同じメスをグルーミングしている状態になります。ひとしきりして、メスはそっとその場から身を引きます。そうすると、残されたオスたちは、互いにグルーミングを始めるのです。実に巧みな仲裁ですね。

図6-8
ケンカしてしまったオスの仲をメスが取りもつ

飼い主の表情を見分けるイヌ

動物が他者の感情を認識できることは、実験的にも調べられています。

森崎礼子との共同研究で、私もイヌが飼い主の感情状態を認識できるかどうかを調べる実験をおこないました。イヌの飼い主の多くは、自分がヘコんでいるとき、イヌは慰めに来てくれると信じています。本当でしょうか。

イヌをサークルに入れて、その横で飼い主に、ヘッドフォンをつけてテレビでアニメを見てもらいます（図6-9）。イヌからはテレビは見えません。アニメには楽しいギャグマンガと悲しい物語を用意しました。飼い主はアニメを見て自然に楽しい、あるいは悲しい表情を示します。さて、それを見ているイヌの反応はどうなるでしょうか。もしイヌは慰めに来てくれ

図6-9
イヌの入れられたサークルの横に飼い主を座らせ、イヌからは見えない位置においてあるテレビのアニメを見てもらう。ヘッドフォンを使っているので、イヌに音は聞こえない。その状況でイヌがどうふるまうかをカメラで記録した

るという説が本当なら、イヌは飼い主が悲しい表情を示しているときに、より飼い主に働きかけをするだろうと予想されます。

実験ではイヌが飼い主を見つめる時間を計測しました。その時間には確かにアニメによる違いがありました。でも予想に反して、その時間は、飼い主が楽しいアニメを見ているときのほうが長かったのです。イヌは確かに飼い主の感情を区別しています。しかしイヌにとっては、楽しそうな飼い主のほうがより魅力的なのかもしれません。

●仲間の感情はどう影響する？

別の実験で、フサオマキザルが、仲間の表情を手がかりにして自分の行動を変えられるかどうかを調べてみました。森本陽との共同研究です。

サルを2頭対面させます。1頭はテスト個体、もう1頭は表情を出してもらう「モデル」です。大きな箱のなかに、模型の果物のようにサルが喜ぶもの、ぬいぐるみのようにサルが怖がるもの、ビデオカセットのようにうれしくも怖くもないもの、のいずれかを入れてふたをしておきます。まずモデル個体のほうに箱を近づけ、ふたを半分開けて中身を見せます。モデル個体はなかに入っているものに応じて、自然に感情を表します。テスト個体は、モデル個体の反応を見ることはできますが、内容を見ることはできません。そうしておいて、ふたを閉めて箱をテスト個体に近づけます。もしテスト個体が箱のなかの物体をほしいと思ったなら、テスト個体は何度も箱に手を伸ばすでしょう。その回数を測定すると、喜ばしいものであったときに、怖がるものであったときよりも多くなりました。サルはモデル個体の表情を読み取って、その原因を推理したように見えます。

でもひょっとすると、モデル個体の恐怖の感情がテスト個体にうつって、それで体がすくんだために、テスト個体の手伸ばし頻度が下がっただけかもしれません。ヒトでは他者の感情はよくうつります。相手がニコニコしていると、こっちも思わずニコニコ、相手がブスッとしていると、こちらもブスッとするなどの経験は誰にでもありますね。これは「情動伝染」と呼ばれている現象です。サルでもこれが生じたのだとしたら、それは他者の感情を認識したことにはなりません。

そこでもう1つ実験をやってみました。こんどは箱が2つあります。一方の箱に喜ばしいもの、他方に怖いものが入っています。どちらか一方の中身だけをサルに見せてから、サルに箱を選ばせます。サルは、喜ばしいものが見せられたときにはその箱、怖いものを見せられたときには反対側の箱を選ぶようになりました。次に、サルの向かいに「モデル」ザルを登場させます。実験者は「モデル」に対してどちらかの箱の中身を見せました(図6 - 10)。その反応のようすだけを見ていたテスト個体に、そのあと箱を選ばせたのです。するとテスト個体は、喜ばしいものを「モデル」ザルに見せたときにはその箱、怖いものを見せたときには反対の箱を選ぶことが多くなりました。これは情動伝染では説明できません。相手の感情を認識して、その原因を推理したとしか思えません。

このように、動物は他者の感情状態を認識し、それを利用して、自分の行動を上手に調節できるのです。つまり、感情を利用して、巧妙な適応戦術をとっているのです。

図6-10
テスト個体（左）からは、どちらの箱に何が入っているか見えないように箱が開く。箱のなかのヘビを見ておびえるモデル個体（右）のようすを見て、テスト個体はどちらの箱を選ぶか実験した

6-7

動物は仲間を気にかける？

京都大学文学研究科　藤田和生

秋深き隣は何をする人ぞ

松尾芭蕉の有名な俳句にもあるように、私たちは、他人のことが妙に気になります。自分が自分らしく生きればそれでいいとわかっていても、やっぱりお隣さんの生活は気になりますよね。

1円だっておトクなのにもらうのを拒否するわけは？

集団や社会のなかのヒトの行動を調べる「社会心理学」と呼ばれる領域では、簡単なルールにしたがって得点のやり取りなどをするゲームを参加者におこなわせることがあります。そのなかの1つに、「最後通告ゲーム」と呼ばれるものがあります（図6-11）。

2人の参加者がいて、一方は提案者、他方は受諾者と呼ばれます。実験者はまず提案者に一定額のお金を手渡し、それを提案者と受諾者で分けるようにいいます。提案者はどのように分けてもいいのですが、受諾者がその提案を呑まないと、お金は全額実験者に没収されてしまいます。

例えば、手渡された金額が1000円だったとしましょう。これを500円ずつに分けようといえば、受諾者は「ＯＫ」というでしょうが、９９９円と1円に分けようと提案すれば、受諾者は当然拒否するでしょう。そこで提案者は、それを見越して、おおむね半分ずつに近い提案をすることが知られています。

そりゃそうだと思われるでしょうが、受諾者の立場から考えてみましょう。理性的に考えれば、受諾者は自身の取り分がたとえ1円であっても受け取るべきです。0よりはよいのだから。にもかかわらず、自身の取り分が少ないとき受諾者が拒絶するのは、相手の取り分を気にするからです。提案者は、それを考慮して、あらかじめ受諾しやすいような提案をするわけですね。このようにヒト社会では、お互いに他者のことを気にかけるのが当然のこととなっています。

図6-11
最後通告ゲーム。提案者の提案がどのようなときに受諾者が受け入れるか、また提案者はそれを見越してどのような提案をしてくるかを観察する

●チンパンジーでおこなわれた2つの実験

動物ではどうなのでしょうか。

カリフォルニア大学ロサンゼルス校のシルクたちは、アメリカのルイジアナとテキサスにある2つのチンパンジー施設で、大規模な実験をおこないました。2頭の血縁のないチンパンジーを向かい合わせの部屋に入れます。一方の部屋には2つの取っ手があります。一方の取っ手を操作すると、操作者と向かいのチンパンジーの両方に報酬が与えられます。もう1つの取っ手を操作すると、操作者にだけ報酬が与えられました。もし操作者のチンパンジーが他者の取り分を気にするのなら、相手に優しいほうに転ぶか、意地悪なほうに転ぶかは別にして、操作する回数が2つの取っ手の間で異なってくると思われます。ところが、どちらの施設でも、チンパンジーの反応は、まったくでたらめでした。つまり、自分が報酬にありつければ、相手のことはどうでもいい、そういう反応になりました。

同じような実験が日本でも京都大学の山本真也（現神戸大学）らによっておこなわれています。やはりチンパンジーではでたらめな反応になりました。それは母子間であっても、互いに交代できるようにしても変わらなかったのです。

これらの実験では、受動的に報酬をもらうほうの個体には、一切の選択権はありません。それなら最後通告ゲームではどうなるでしょう。ジェンセンらは、ドイツのマックス・プランク進化人類学研究所のチンパンジーで、興味深いテストをしています。

図に示したように、上下2段に2つずつ餌皿をおきます（図6‐12）。それぞれ一方の餌皿には提案者が取れる食べ物、他方には受諾者が取れる食べ物が入っています。食べ物の量は各段とも合計10個ですが、その配分が上段と下段で異なっていました。例えば、1つの段は提案者から見て5：5、もう1つの段は8：2の条件、別の条件では8：2と2：8、さらに別の条件では8：2と10：0などです。提案者は上下のいずれかのひもを引いてその段を手前に出すことにより、配分を提案しました。それを受けて受諾者が取っ手を操作すると、それぞれの個体にそ

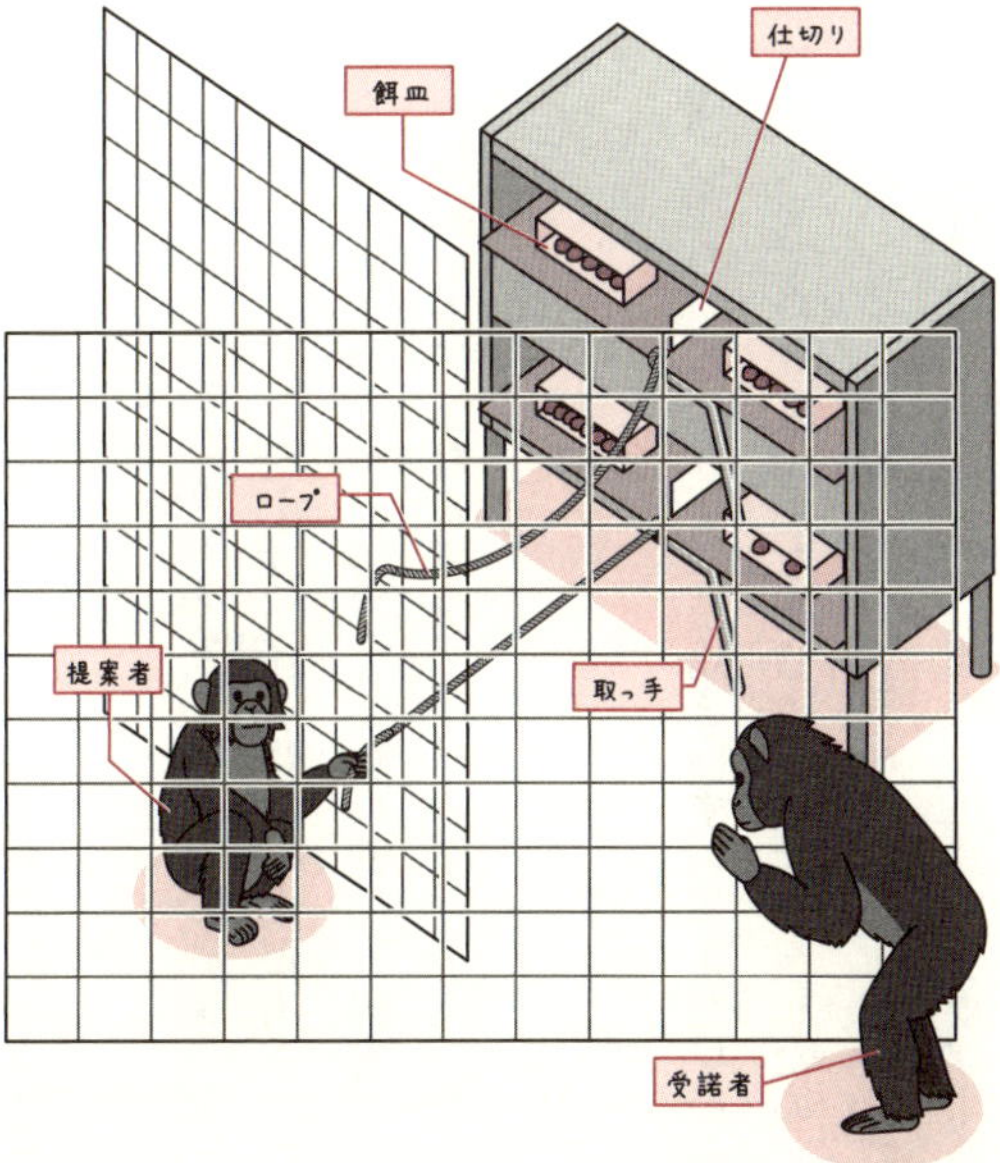

図6-12
提案者のチンパンジーがひもを引いて、受諾者に分配を提案する。どのような提案のときに受諾者が受け入れるか、また提案者はそれを見越してどのような提案をしてくるかを観察する

れぞれの報酬が与えられました。受諾者は1分間何もしないでいると提案を拒絶することができました。

ヒトが受諾者であれば、5：5の選択肢があるにもかかわらず、8：2が提案されると、提案を拒絶すると考えられます。ところがチンパンジーは、10：0の提案が出された場合に半分くらい拒絶した以外は、ほとんど拒絶しなかったのです。結果的に、提案者は自身に有利な提案を繰り返し、たくさんの報酬を手にしたのです。

●遺伝的な近さと心の近さ

チンパンジーは本当に他者の利益に無関心なのでしょうか。結論を出すのはまだ早いかも知れません。というのも、少し場面を変えて、自分も相手も同じように仕事をしたのに相手だけがよい報酬をもらう場合には、チンパンジーはねたみのような反応を示すからです（222ページ「6-8 ねたみややっかみはある？」参照）。また、最近ドゥヴァールらは、ヤーキス霊長類研究所のチンパンジーで最後通告ゲームをすると、提案者は公平なほうの提案をすることが多いという結果を得ています。個体差なのか、あるいは集団の違いなのか、理由はまだわかっていません。

おもしろいことに、チンパンジーよりずっとヒトから遠縁のフサオマキザルでは、他者に対する感受性が高く、場面によって、他者に優しくしたり意地悪をしたり、柔軟に行動が変わることが示されています。

さらに、私たちの研究室の実験で、フサオマキザルは、自身に関係のない第3者間のやり取りも気にかけることがわかりました（アンダーソンらとの共同研究）。サルに、実験者Aが実験者Bに容器のふた開け作業のお手伝いを要請する場面を見せます。Bは、要請に応えて援助する場合と、意地悪にも援助をしない場合がありました。どちらの場合にも、演技直後に2人の実験者はサルに食物を差し出しました。サルにとってはまったく意味のないやり取りですし、サルはどちらから食べ物をもらってもまったく自身の利益には関係がありません。でもどういうわけか、サルは意地悪な実験者からはあまり食べ物を受け取ろうとしなかったのです。嫌な人物、不公正な人物を敬遠する感情は、フサオマキザルにもあるのですね。

他者のことを気にかける心は、ヒトに近い動物にだけ備わっているわけではなさそうです。いかにもヒトらしいこの心が、どんなふうに進化したのか、まだまだそれは謎に包まれています。

6-8 ねたみややっかみはある？

京都大学文学研究科　藤田和生

私たちの心には、ねたみややっかみという困った感情が巣くっています。これが高じると、たとえ肉親であっても傷つけ合い、殺し合いに至ることすらあります。部族や民族、宗教や国家の間でこれが生じると、何万人、何十万人といった尊い命が失われていきます。ヒトの業ともいえるこういった感情は動物にもあるのでしょうか。

●他者をうらやむ心

アメリカのヤーキス霊長類研究所のブロスナンたちは、フサオマキザルを対象に興味深い実験をおこなっています（図6‐13）。2頭のサルを隣り合うケージに入れます。お互いのようすは全部見えます。1頭のサルはテスト個体、もう1頭はパートナーです。どちらのサルも、手渡された筒のような物体（トークン）を実験者に返すと、ご褒美をもらう課題に習熟していました。

まずテスト個体にトークンを渡します。テスト個体はそれを返すとキュウリを手にすることができました。次にパートナーに対して同じことを要求し、うまくできたらキュウリを与えます。キュウリはサルにとっては十分な報酬です。サルたちはふつうに課題をこなしていました。

　次からがテスト場面です。最初のテストでは、テスト個体にはキュウリをご褒美に与える一方で、パートナーにだけサルの大好物であるブドウをご褒美に与えました。するとテスト個体は、せっかくもらったキュウリを投げ返したり、トークン交換を拒絶したりするようになりました。この行動は、パートナー個体に対してはただでブドウを与えるようにすると、さらに激しくなりました。パートナーのケージを空にして、そこにブドウをおいておくだけにしても、こうした抗議行動はある程度出現するので、目の前にあるブドウがもらえないことによる欲求不満もあるのでしょうが、パートナーが不労所得を得るときに最も抗議行動が激しくなるので、サルは、パートナーと自分の間の不平等に応答していたのだと思われます。この行動

図6-13
ブロスナンたちによるフサオマキザルの不公平拒否を示した実験。パートナー個体（右）だけにトークンの手渡しに対して、あるいは無償でブドウを与えたときのテスト個体（左）の反応を観察した

には、ねたみややっかみという感情が関係している可能性があります。

その後、同じテストが数種の霊長類でおこなわれましたが、種によってこうした不公平感の表出には違いがあり、フサオマキザルと同じ結果になったのはチンパンジーのほかワタボウシタマリンという南アメリカにすむ小さなサルだけです。チンパンジーでは長い間一緒に生活していた相手に対しては、不公平感の表出は少なかったといいます。

ウィーン大学のランゲらは、よく似たテストを、イヌを対象におこないました。テスト個体とパートナーを並んでお座りさせます。どちらのイヌにも「お手」を要求します。両方の個体に価値の低い報酬（黒パン）を与えている場合には、テスト個体はふつうにお手を繰り返しました。霊長類とは異なり、パートナーに価値の高い報酬（ソーセージ）を与えても、変化はありませんでした。ところが、相変わらずパートナーは黒パンをもらうのに、自分は何ももらえない条件にすると、テスト個体のお手をする割合は大きく減少し、何度も繰り返し催促しないと、しなくなったのです。同じように報酬がもらえない条件でも、パートナー個体がいなければお手は続けるので、報酬がもらえないこと自体がいやなのではありません。パートナーと同じことをして、自分だけが差別的な扱いを受けることが、イヌの拒否の原因であったと思われます。イヌにも不公平感はあるのかもしれません。

●不労所得は認められない？

京都大学の瀧本彩加（現北海道大学）らは、フサオマキザル同士の報酬分配ゲームをいろいろな条件で試しています（図6-14）（227ページ「6-9 優しさや思いやりはある？」も参照）。サル2頭の間に引き出しつきの餌箱を左右に2つおきます。引き出しは一方のサル（分配者）だけが引けるようになっており、分配者はそのなかの報酬を手に入れることができます。他方、向かいにいるサル（被分配者）は、分配者が引いたほうの引き出しの自分側にある報酬を受動的に受け取ることができました。分配者が受け取る報酬は、左右どちらの箱でも同じです。しかし被分配者に渡る報酬は、箱によって、サルの喜ぶ食べ物

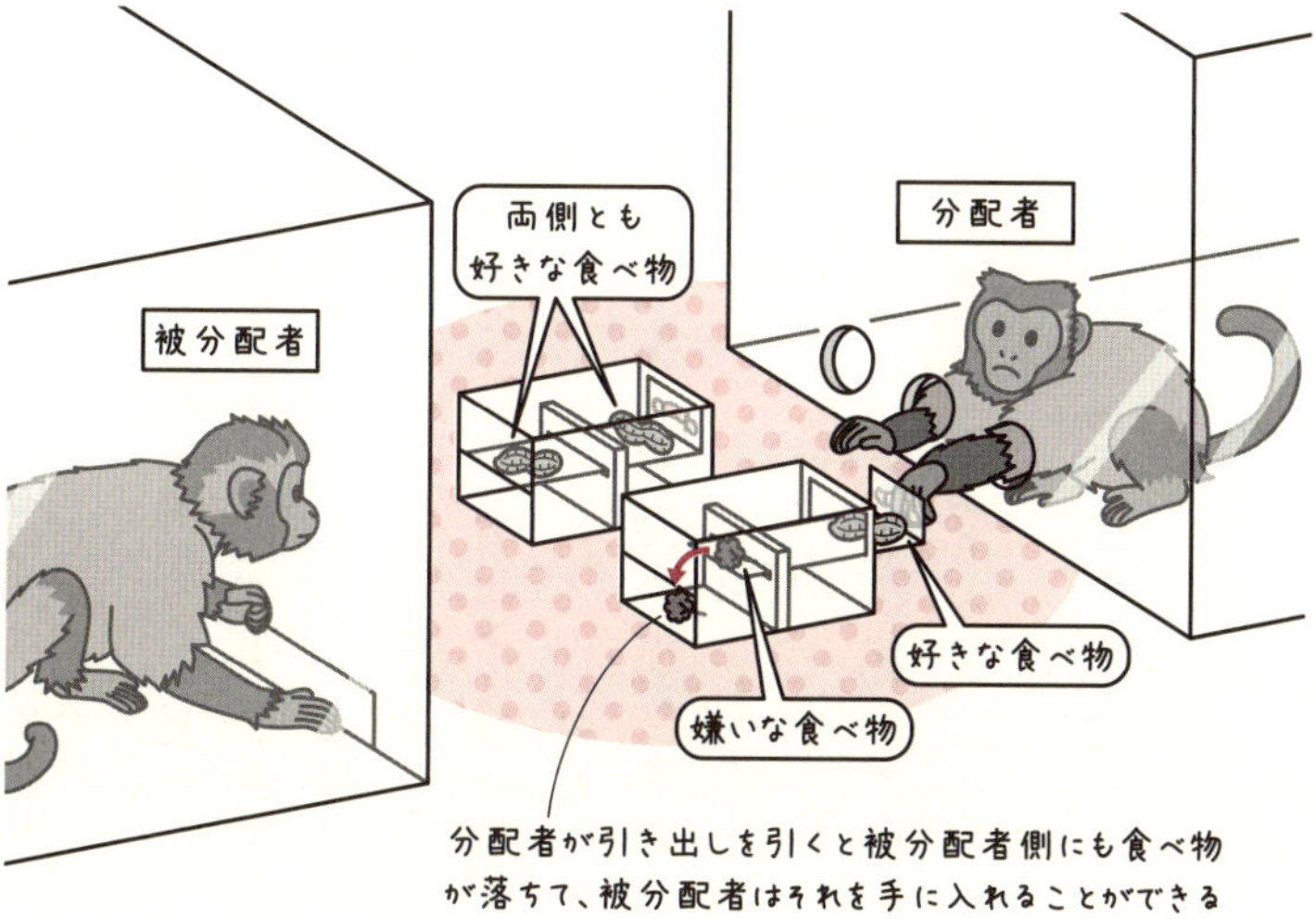

図6-14
瀧本らによるフサオマキザルの食物分配行動を調べる実験のようす

の場合と喜ばない食べ物の場合がありました。つまり被分配者が手にする報酬は、完全に分配者の制御下にあったわけです。

いろいろな条件のうち、1つの条件では、被分配者の視線が不透明の衝立で遮られ、分配者はそれを気にしないで箱選択ができるようになっていました。分配者はグループの中順位のサル、被分配者は、同じグループの最優位個体と最劣位個体が務めました。最劣位個体に対しては、分配者が特に被分配者の報酬を選ぶことはありませんでした。ところが、被分配者が最優位個体であった場合には、分配者はまずいほうの報酬が相手に渡る選択肢を、より多く引いたのです。自分は引き出しを引くという「労働」をするのに対し、被分配者は無償で報酬を手にします。分配者は、優位な個体がこうした「不労所得」を手にすることに反発を感じたのかもしれません。

こうした行動をする霊長類やイヌに、どのような感情が生じているのかを覗くことは残念ながらできません。しかしこれらの行動は、私たちがねたみややっかみを感じたときにとる行動と、とてもよく似ています。彼らにも似たような感情の働きはあるのかもしれません。

6-9 優しさや思いやりはある?

●京都大学文学研究科　藤田和生

「彼のどこに惚れたんですか?」「やっぱり優しいところですね……」

結婚を前にしたカップルに話を聞くと、決まってこういう返事が返ってきますね。優しさや思いやりは、ヒトにとって最大のアピールポイントであるようです。

でも考えてみると、これはとても不思議なことですね。他者に優しくしたり協力したりすることには、直接の利益はありません。回り回って自分の利益になる場合もあるでしょうが、命をかけてまで見ず知らずの他人を助けるなどの行為は、それでは説明がつきそうにありません。これはヒトだけの特徴なのでしょうか。

●動物たちの優しさ

実は最近の研究で、動物たちは思いのほか他者に優しくふる舞うことがわかってきました。例えばヤーキス霊長類研究所のドゥヴァールは、コートジボワールにあるタイ国立公園の森で、ヒョウに襲われて大けがをしたチンパンジーを、仲間が介抱したというボッシュの観察事例を紹介しています。彼らは傷ついた個体をいたわってゆっくり歩いたほか、傷口をなめる、ハエを追い払う、などの行動をしたといいます。類人では、恐怖や苦痛の状態にある個体を慰める行動はふつうに見られるといいます。さらにチンパンジーやフサオマキザルでは、仲間に自身の食べ物を積極的に与えることも観察されています。

こうした他者への気遣いは、一般に「向社会的行動」といわれており、霊長類を中心に、現在、数多くの実験的研究が、競うようにおこなわれています。

マックス・プランク進化人類学研究所のワルネケンたちは、チンパンジーが何の報酬もなくてもヒトや仲間を援助することを示しています。例えばチンパンジーのケージの前で、意地悪な人が、実験者がもっている道具を無理矢理取り上げ、チンパンジーにしか届かないところに放り込んで去って行きます。実験者がそれをほしい素ぶりをすると、チンパンジーはそれを取って来て渡してくれるのです。ふだん訓練されている受け渡し行動でしょ、といわれればその通りですが、次の事例はどうでしょう。テスト個体のケージの隣に2つの部屋があり、一方には仲間のチンパンジーがいて、他方には食べ物がおかれています。2つの部屋の間には、鍵のかかったドアがあり、テスト個体だけが鍵をはずすことができました。仲間が隣の部屋に行きたいというしぐさをすると、テスト個体は、自分はその食べ物にありつくことができないにもかかわらず、鍵をはずしてやったのです。

京都大学の山本真也（現神戸大学）らは、2頭のチンパンジーを隣り合う実験室に入れ、それぞれの部屋に、道具を使って報酬を手に入れるしかけを取りつけました（図6-15）。それぞれの部屋には道具があるのですが、いずれも隣の部屋用のものでした。する

a）

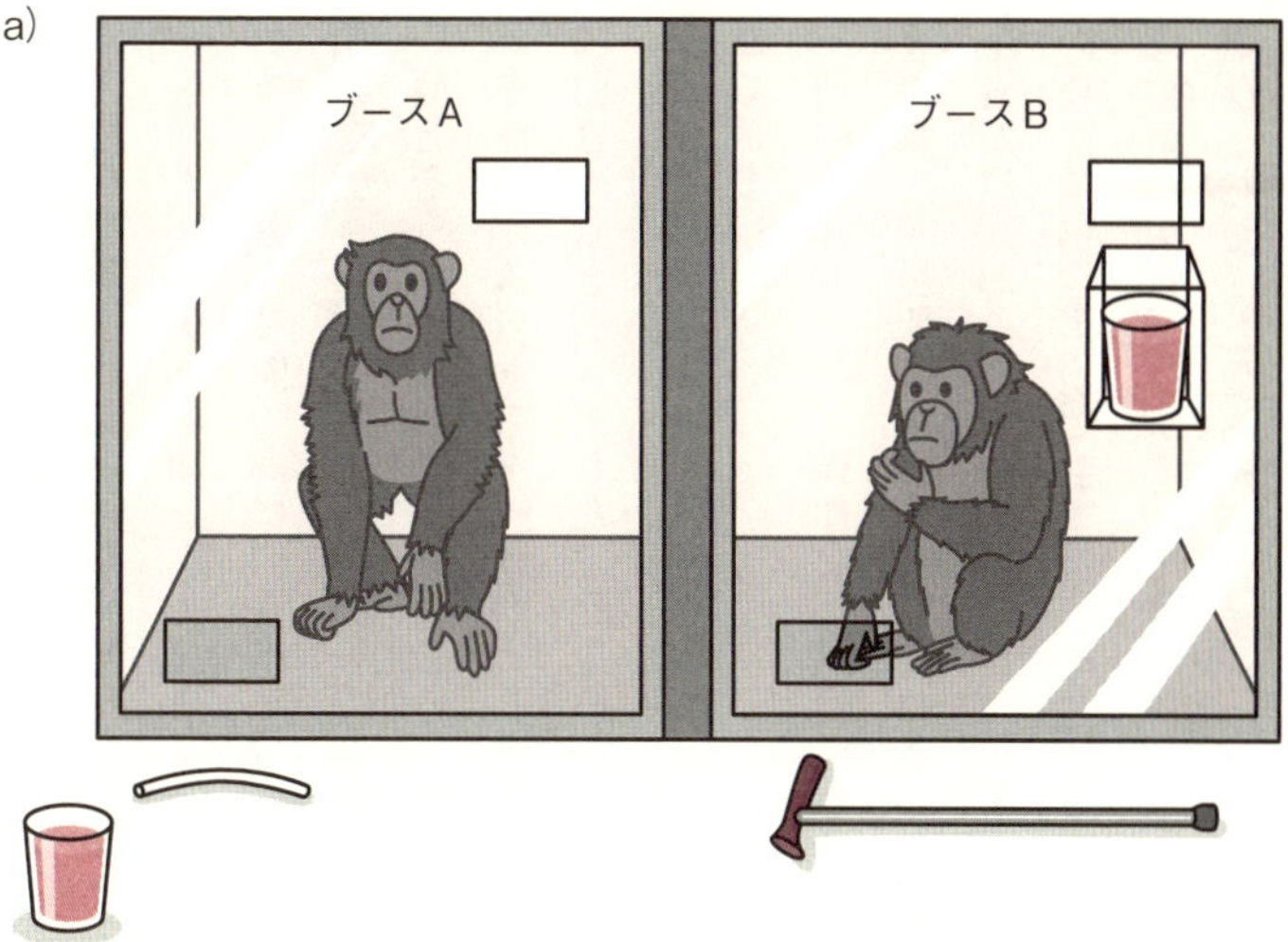

b）

図6-15
山本らによるチンパンジーの援助行動の実験
a）ブースA（左）の下部にある窓の前にはストローがおかれ、さらに遠くにはジュースがある。ブースAにいるチンパンジーはブースB（右）の前におかれている棒を使わないとジュースが取れない。反対にブースBのチンパンジーは、ブースAのストローを使わないと、上部の窓の近くにおかれているジュースを飲むことができない
b）ブースAとブースBの間には小さな窓があり、ブースBのチンパンジーは、自分のところから取れる棒をブースAのチンパンジーに渡した

とチンパンジーは、相手の要求に応じて、自分の部屋の道具を相手に渡してやったのです。ただし要求がない限り、進んでそれを手渡すことはありませんでした。

京都大学の瀧本彩加（現北海道大学）らは、フサオマキザルの食べ物分配行動を調べています。サル2頭の間に引き出しつきの餌箱を左右に2つおいて、分配者役のサルが引き出しを引きます。どちらを引いても分配者の得る餌は同じですが、相手に渡る餌はおいしい餌とそうでない餌がありました（装置のしかけについては222ページ「6-8　ねたみややっかみはある？」参照）。分配者は、相手が集団の最上位個体であると、でたらめに引き出しを引きました。ところが、相手が最下位個体であると、分配者はおいしいほうの餌の渡る選択肢をより多く引いたのです。ただしこれはお互いの姿が見える場合に限られていました。

別のテストでは、操作を2段階にして、餌箱が固定されたトレイを、まずは適切な位置まで動かす必要があるようにされました。第2段階の引き出し引きは、これまで同様、分配者だけがおこなえるのですが、第1段階のトレイ移動は、分配者がおこなう場合と（独力条件）、相手がおこなう場合（協力条件）がありました。協力条件では、相手の協力がなければ分配者は引き出しが引けません。分配者は、独力条件ではでたらめに引き出しを選びました。ところが協力条件では、おいしい餌が相手に渡る選択肢を多く引いたのです。サルは相手の協力に対する「感謝」を示すことがわかりました。

アメリカのデューク大学のヘアらは、独占可能な食べ物があるときの、仲間に対するボノボの行動を調べています。3連の部屋の中央に食べ物をおきます。左右の部屋との間には鍵のかかったドアがあります。鍵は中央の部屋からしかはずせません。一方の部屋に仲間のボノボを入れておいて、中央の部屋にテスト個体を入れます。テスト個体はそうしようと思えば食べ物を独占できます。ところが実際には、しばしばテスト個体のボノボは、食べ物のあるうちに、仲間のいるほうのドアの鍵をはずしてやったのです。

●向社会的行動は霊長類に限られない？

向社会的な行動は霊長類に限られるわけではありません。ザトウクジラがシャチに襲われたアザラシを、ひれに乗せて救ったという報告もあります。イルカがおぼれそうになった人を救ったというような報告もよく聞きます。ゾウも水場に落ちた子ゾウを、みんなで救出することが知られています。

シカゴ大学のバータルたちは、ラットも、筒に閉じ込められた仲間を救出することを示しました（図6-16）。筒にはドアがあって、外からしか開けることができません。最初のうちラットは仲間のまわりをうろうろと走り回っていましたが、ドアを半分開けておくなどの介助をしながら、何日かこれを繰り返すと、ラットはドアを開けることを覚え、最終的には部屋に入れられるとすぐに開けてやるようになったのです。仲間と遊ぶことが動機づけになっていた可能性がありますが、いったん学習すると、この行動は仲間のラットが別の部屋に出て行くようにしても続きました。さらに、部屋に2つ筒があり、一方には仲間、他方には餌が入っているときにも、餌入りの筒だけではなく、ほぼ同じタイミングで仲間の筒も開け、餌を一緒に食べるようになりました。筒に入れられたラットが出す、うっとうしい悲鳴を止めようとしただけではないかという反論に対して、筆者らは、悲鳴の頻度が非常に低いのでその可能性は考えにくいと述べています。

どうでしょう。他者に対する思いやりや優しさは、決してヒトだけにあるわけではなさそうです。仲間を援助する動機づけは、さまざまな動物たちの本性のなかに組み込まれているのかも知れません。

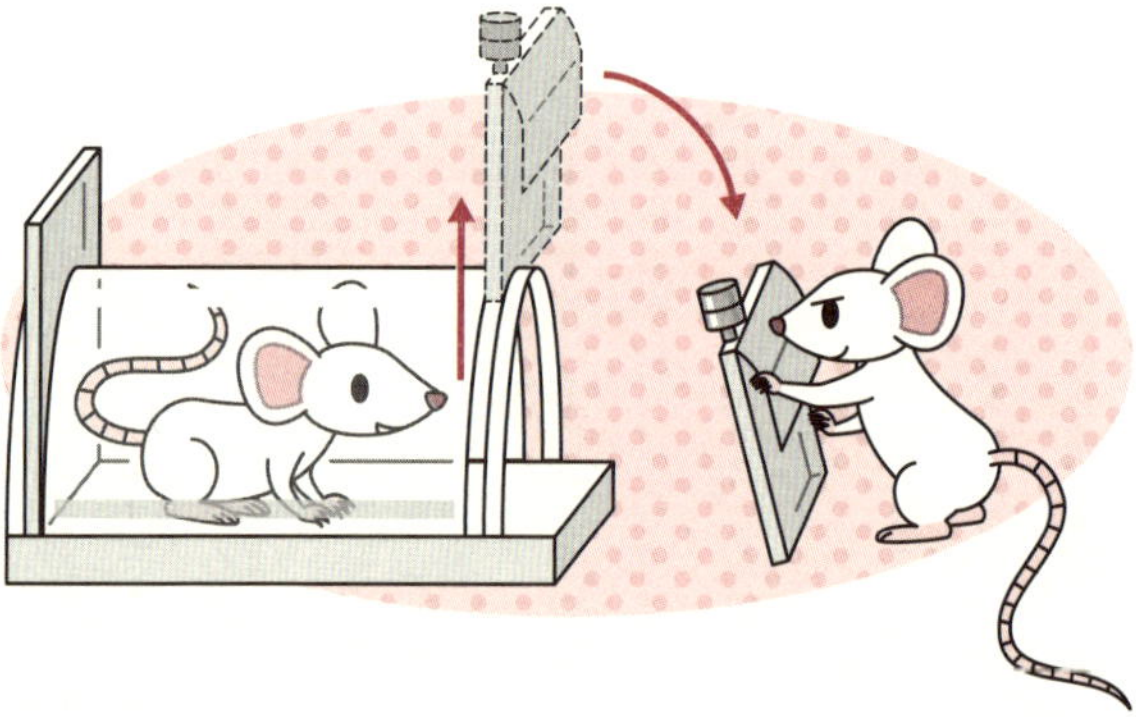

図6-16
バータルらによるラットの仲間救出実験。外にいるラットは扉をはずして、筒のなかの仲間のラットを救出した

6-10

仲間の知っていることは見抜ける?

●京都大学霊長類研究所　友永雅己

私たちヒトというのは変な生き物だとつくづく思います。日々、他人の目を気にし、相手が自分のことをどう思っているのかと思い悩みます。このように私たちは、他者が心をもち、その心にしたがってふるまっているのだと信じています。だからこそ、他者の心の機微を読み取って、自分のふるまいを調整しようとするのです。

このような「他者の心を読む」能力（専門的にはこのメカニズムを「心の理論」と呼んでいます）は、健常な子どもでは4～5歳くらいで獲得されます。では、なぜこのような能力がヒトでは獲得されたのでしょうか。そもそもこのような能力は私たちに特有なものなのでしょうか。それを知るためには、ヒト以外の動物がどのように他者の心を読んでいるのかについて調べてみる必要があるでしょう。

例えば、ヒトでは、相手の視線が自分からはずれると、その視線の先に注意が自動的に向いてしまいます。このようにして相手の見ているものを「共有」することが、その人がいま何を考えているのかを推し量る第一歩となります。このような能力は「共同注意」とも呼ばれます（119ページ「4‐11 赤ちゃんから大人へ 心の発達」参照）。共同注意は、いろいろな動物で幅広く調べられており、指さしや頭部の向きなどで示される「視線」の先に注意を向ける能力であれば、数多くの霊長類だけでなく、イルカやアシカ、イヌなどでも見られることがわかっています。

●見ると知るの関係

視線から相手の知っていることを推し量る能力も調べられています。ポビネリたちがおこなった実験を紹介しましょう。チンパンジーの目の前に不透明の容器を3つおき、その個体には見えないように衝立をしたうえで、その容器のどれかに食べ物を隠します。このとき、別の実験者が同じ部屋にいて、食べ物をどの容器に隠したかを目撃しています。チンパンジーは、どこかはわからないけれど、どこかにはご褒美があることを知っています。このときの問いは、目撃者はご褒美を隠すところを「見ていた」のだから、どこにご褒美があるか「知っている」はずだと、このチンパンジーが理解できるか、ということです。そこで、部屋の外にいた何も知らない人と目撃者が、チンパンジーに向かって同時にそれぞれ別の容器を指さしてみます。このときチンパンジーはどちらの指さしにしたがうでしょうか。このテストに参加したチンパンジーたちは、比較的高い割合で「目撃者」の指さしたほうの容器を選択したのです。ただし、そのような傾向は1回目のテストから見られたわけではなく、テストを繰り返すにつれて見られるようになってきたそうです。

この結果は議論を巻きおこしました。チンパンジーが、日々の社会的な暮らしのなかで、「見る」ことは「知る」ことにつながることを理解しているのであれば、このような場面でもすぐに正しく目撃者の指さしにしたがうはずだ。だけどそうならなかったのだから、彼らはこの新しい場面で、改めて何らかの問題解決学習をしただけなのではないかという反論が出されました。それに対し、新しい状況に慣れるためにはそれなりに時間がかかるはずだ、とか、テストの状況がうまくなかったのではないか、などという意見も出ました。

そこでマックス・プランク進化人類学研究所のヘアたちは、テストの状況を、ヒトとチンパンジーの間での「協力」を必要とする場面ではなく、チンパンジー同士で食べ物を取り合うような「競争」場面でテストしてみました。そうすると、順位の低いほうのチンパンジーは、相手にも見えている食べ物を避けて、衝立などで相手からは見えていない（自分からは見えている）食べ物のほうを、より頻繁に取りに行くことがわかりました。これなどは、

図6-17
ヒトの指さしを追いかけて後ろを向くチンパンジーの子ども。チンパンジーでは、ヒトに比べて見えないところへの指さしの理解の発達が遅れることがわかっている
（提供：京都大学霊長類研究所）

チンパンジーの相手の心を読む能力は、状況に大きく依存することを示しているのかもしれません（図6‐17）。その一方で、ヒトが人為的に選択交配してきたイヌでは、逆にヒトと協力するようなテスト状況でよりよい成績を示すようです。

●誤った信念

ヒトでは、単純な「見る‐知る」の関係よりもさらに深い理解に到達します。それは、「誤った信念」の理解と呼ばれるものです。ヒトの子どもでよく使われるテスト課題は、「サリーとアンの課題」と呼ばれる人形劇を使ったものです。

まず、サリーという人形がおもちゃで遊んだあと、そのおもちゃを箱に入れて部屋を出て行きます。そのあと、その部屋にアンがやってきて箱からおもちゃを取り出し、ひとしきり遊んだあと、こんどはかごのほうにおもちゃを隠します。そのようすを見ていた子どもたちはこう質問されます。「このあとサリーが、またさっきのおもちゃで遊ぼうと部屋に戻ってきます。そのときサリーは、箱とかごのどちらを探すでしょう？」もちろん正解は、初めにサリーがおもちゃをしまった箱です。なぜなら、サリーは、おもちゃが入れ替えられたところを見ていないので、まだ箱のなかにおもちゃがあると思っているはずだからです。この現実とは異なる「誤った信念」を子どもたちが理解できるのは、先にも述べた4～5歳くらいだということがわかっています。しかしながら、チンパンジーでは、このテスト課題をいくら彼ら向けにわかりやすく修正しても、パスしないのです。

これらの結果は、チンパンジーが「他者の心を理解できない」ことを示しているのでしょうか。実は、論争がまだまだ続いています。チンパンジーには彼らなりの「心」の理解のしかたがあるはずだという意見が一方にあり、もう一方には、チンパンジーは相手のふるまいかたの事例をたくさん集めて、そこから一定の法則を見出しただけではないか、つまり心の理論ではなく行動の理論をもっているのではないか、という考えもあります。

チンパンジー以外の動物でも、さまざまなかたちで、他者理解に関する研究が進められています。特に、カラスやカケスといった鳥類での研究が進みつつあります。ヒトのもつ他者の心を理解する能力の起源を探るだけでなく、動物界における多様な心のありようを丹念に解きほぐしていくことによって、より深い心の理解にたどり着けるのだと思います。

6-11 仲間を理解する神経細胞?

●専修大学人間科学部　澤　幸祐

ヒトや動物の活動に脳が重要な役割を果たしていることは、よく知られていることです。何かを推論するといった複雑な活動から、コップを手に取って口に運んでコーヒーを飲む、といった単純そうに見える動作まで、私たちの脳が深くかかわっています。さて、コップを手に取ってコーヒーを飲むということを「単純そう」と書きました。しかし実際には、脳の働きという意味ではまったく単純ではなく、こうした単純そうな動作の脳内メカニズムから驚くべきことがわかってきました。それが「ミラーニューロン」と呼ばれるものです。

●他者の行動を見ただけで……

イタリアのパルマ大学の神経科学者リツォラッティらは、サルを用いて、動作の制御に関係する「F5野」と呼ばれる脳部位の神経細胞が、「ものをつかむ」「口にくわえる」といった動作中に、どんな活動をしているかを研究していました。こうした動作は、「つかむ物体は何か」のような視覚と「どれくらいの強さでつかめばよいか」という動作の処理が両方実行されないと適切におこなうことができません。F5野の神経細胞は、動作の制御にかかわる部位にあるので、動作に関する情報処理をしていますが、同時に目からの情報の処理も担っています。

しかし、それだけではないことが明らかになりました。F5野にある神経細胞のなかに、サル自身の動作中に活動するだけではなく、実験者である人間が動作しているのをサルが見たときにも活動するものが見つかったのです。つまり、サルがある物体をつかむ動作中に活動する神経細胞が、実験者がその物体をつかむのを見ているときにも、まるで鏡に映したように活動したのです。彼らはこれを「ミラーニューロン」と名づけました。その後、F5野と神経細胞のつながりがある「下頭頂葉」という場所でも、同じような働きをする神経細胞が発見されました。

ミラーニューロンの何がすごいのでしょうか。ミラーニューロンが果たしていると思われる役割は、たくさんあります。ミラーニューロンは、相手の行動を見ることによっても活動します。これは、相手がおこなっている行動を自分もおこすために必要な神経活動を、自分の脳のなかで再現しているという可能性を示しています（図6-18）。こうした神経活動は、相手の行動を真似ること、つ

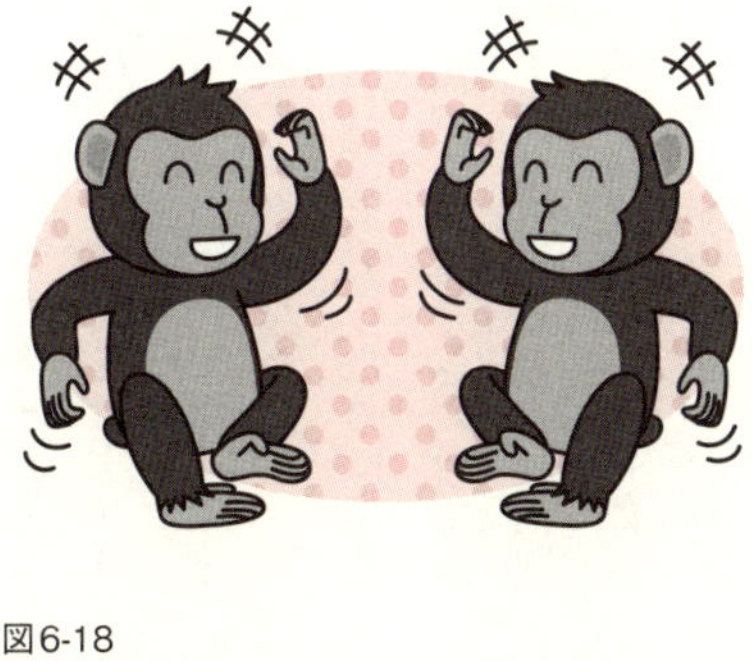

図6-18
相手の行動を見ると自分の頭のなかに相手の行動を真似する神経活動がおこる？

まり模倣につながる可能性があります。実際には、サルは模倣が得意ではありませんので、サルのミラーニューロンが模倣について重要かどうかはまだわかりません（186ページ「6-1 動物は仲間から学べるか？」参照）。また、ミラーニューロンのように他者の行動によって活動する神経細胞は、鳥の脳でも見つかっています。鳥のなかには、歌（さえずり）をうたうものがいます。これら鳴禽類と呼ばれる鳥たちは求愛のためにうたうのですが、ヌマウタスズメと呼ばれる鳥の脳内から、自分がうたっているときだけでなく、仲間の歌を聞いたときにも活動する神経細胞が発見されています。これらの神経細胞は、うたう鳥たちが歌を学習し、学習した歌を正確に維持するために役立っている可能性があります。鳥の歌は、音声コミュニケーションの一種です。ヒトのみがもつといわれている言語の起源を研究するうえで、鳥の歌学習の研究やミラーニューロンに関する研究は、大きな可能性を秘めています。

●他者の行動を推測するときも働くミラーニューロン

ミラーニューロンの働きはほかにもあります。サルの例に戻りましょう。ミラーニューロンは、実験者の動作を観察することで活動しますが、実験者がおこなう動作の目標物がサルにわかっている場合には、動作の途中を衝立などで見えないようにしても活動することがわかっています。つまり、「相手が何をしようとしているのか」について推測するために、ミラーニューロンが重要である可能性があります。これは、相手が何を考え、感じているのかを思いやるという「共感」の機能に関連していると思われます。

ミラーニューロンは、「機能的磁気共鳴画像法（ｆＭＲＩ）」を用いて脳活動を記録する手法や、脳を傷つけずに外部から刺激する「経頭蓋磁気刺激法（ＴＭＳ）」と呼ばれる手法によって、ヒトでも見つかっています。「自閉症スペクトラム障害」と呼ばれるものを聞いたことがあるかもしれません。こうした障害をもっている場合、相手の表情を読み取ることによるコミュニケーションが苦手なケースがあります。京都大学の佐藤弥らの研究では、無表情な顔画像から少しずつ感情を表す表情へ変化する刺激を見ているときに、自閉症スペクトラム障害の人たちの脳では、ミラーニューロンが存在すると思われる場所の活動がうまく機能していないことがわかりました。今後の研究でミラーニューロンの複雑な機能が明らかになり、ヒトや動物の「仲間を理解する働き」がわかってくることが期待されます。

コラム

動物実験倫理について

●専修大学人間科学部　澤　幸祐

動物にも尊厳がある

この本を読んで、「動物を実験に使うなんてかわいそうだ」と思った方がいるかもしれません。科学の進歩のために、研究者たちは動物たちに残酷なことをしているんじゃないだろうか。そんな疑問をもつ人がいてもおかしくはありません。

みなさんのまわりには、多くの動物がいると思います。イヌやネコを飼っている人もいるでしょうし、動物園でいろいろな動物の愛らしい姿や勇壮な姿を見て感動した人もいるかもしれません。こうした動物たちは、野生の環境で生きているのではありません。人間の都合に合わせて、行動が制約されています。広い意味では、動物を実験に用いることも、伴侶動物として家で飼うことも、展示動物として動物園で飼育することも、あるいは家畜動物を食料として利用することや乗馬や競馬、牛車などに利用することも含めて、動物たちの行動を制限しているという点では同じです。では、人間が飼っているのだからといって、人間の好き勝手な都合を押しつけていいものでしょうか。そんなわけにはいきません。「動物福祉」という考えかたがあります。これは、「人間の利益のために動物の自由をある程度制限することは認めつつも、彼らの感じる苦痛を最低限に抑え、彼らの本来の姿に近い状況をつくるよう努力しよう」というものです。こうした考えかたは、例えばペットショップでのイヌやネコの展示を夜間はおこなわないように規制するなど、私たちの身のまわりにも活かされています。では、動物研究者たちは、どのような努力をしているのでしょうか。

動物実験の歴史と法律

現在、人間を対象とした研究をおこなうときには、実験参加者には実験内容を説明したうえで参加の同意をいただく必要があります。そのときに、実験によっておこり得る影響や、いつでも実験協力を取りやめることができることなどが説明されます。また、実験の内容や実験参加者への説明の内容について、事前に倫理審査委員会から許可を受けなければ実験をすることができないようになっています。しかし、動物に実験内容を説明することや同意をしてもらうことはできません。では、動物実験は、動物が拒否できないのをいいことに、好き勝手なことがおこなわれているのでしょうか。先に述べたように、動物福祉の考えかたにたつと、動物たちが感じると思われる苦痛を最小限に抑え、よりよい環境をつくることが要求されます。実際、動物実験の歴史を見ると、こうした努力は古くからなされています。

19世紀のなかごろに、海外のある大学で獣医師を目指す学生の教育のために動物の手術がおこなわれているようすが新聞で報道され、大きな議論がおこりました。これをきっかけに、動物で実験をするための規則をつくろうという機運が高まり、20世紀後半になって、イギリスやアメリカを中心にThe Animals (Scientific Procedures) Act［動物（科学的手続き）法」や修正動物福祉法といった名前の法律として整備されていきました。日本でも、1973年に「動物の保護及び管理に関する法律」（現在は「動物の愛護及び管理に関する法律」［略称「動物愛護法」］）が制定され、さらに「実験動物の飼養及び保管等に関する基準（現在は「実験動物の飼養及び保管並びに苦痛の軽減に関する基準」）（1980年）、「動物実験ガイドラインの策定について」（1980年）、「大学等における動物実験について」（1987年）、「動物実験に対する社会的理解を促進するために」（2004年）などの法律やガイドラインが、いろいろな機関から打ち出されています。動物実験をおこなううえでは、人間を対象とする研究と同じように、研究機関に設置されている倫理審査委員会に計画書を提出し、審査してもらったうえで研究をスタートするわけです。

負担を最小限にするために

「3つのR」という言葉を聞いたことがあるでしょうか。これは、ウィリアム・ラッセルとレックス・バーチという人の書いた『人道的な実験技術の原理』という本に出てくる言葉ですが、Reduction（減数：実験に使う動物の数を減らす）、Refinement（洗練：飼育環境や実験状況を改善する）、Replacement（代替：動物実験以外の代替法を用いる）という英語の頭文字をとったものです。倫理審査委員会は、実験に使われる動物の数が多すぎないか、適切な環境で実験がおこなわれているか、動物実験以外の方法がないかどうかなど、動物に負担をかけすぎない研究の実施を目指して審査をおこなっています。

コラム

　では、どのようなルールを守らなければならないのでしょうか。これは動物の種類によっても異なります。例えば、もともと集団で生活している動物は、仲間と一緒に暮らすのがふつうの姿ですので、飼育するときには個別ではなく、ほかの仲間とともに生活させるのがよいとされています。これに対して、仲間と一緒にいるとすぐにケンカしてしまう動物もいます。こういう動物は個別に飼育するほうが彼らにとってよい環境です。飼育ケージの大きさについても、適正なサイズがあります。高いところに登る習性のある動物は天井の高いケージで、巣をつくる習性のある動物は巣をつくるための材料を入れたケージで飼育するなど、それぞれの種に応じた適切な環境づくりが求められています。

　動物に与える刺激についても、いろいろなルールがあります。本書で紹介されている実験のほとんどは報酬を用いたもので、動物に痛みを与えるようなものは一部しかありません。しかし、なかには電気ショックなどの嫌な刺激を与えることがあります。とはいえ、いくらでも強い電気ショックを与えてよいわけではありません。動物に与える苦痛は最小限にとどめなければなりませんし、やむを得ず痛みやストレスを与えるときにも、それを軽減するような処置が必要です。どういった刺激を与えるのか、どうやって苦痛を軽減させるのかについても、倫理審査委員会が審査をします。この本のなかでは、こうした倫理審査が十分ではなかった時代の実験についても紹介されていますが、現在では同じ研究をおこなうことが倫理上許されない場合があります。動物実験の適切な実施について、研究者たちは日々思い悩みながらも、環境を整えるよう努力を続けています。

コラム

動物実験は動物自身の役にも立つ

「それでも動物実験は、人間の都合でおこなわれているのではないだろうか」と思う方もいるかもしれません。確かに、新薬の開発や病気の治療法の発見など、人間の生活をよりよくするためにおこなわれているものもあります。その一方で、動物たちの生活を守り、よりよい環境をつくっていくためにおこなわれる研究もあります。例えばチンパンジーは、急速に個体数を減らしている絶滅危惧種です。彼らが生きていく環境を守るために多くの努力がおこなわれていますが、そのためにはチンパンジーとはどういう動物で、どのような環境が適切であるのか、また生命の維持だけでなく、彼らの心理的な幸福のために何が必要かについて、十分な知識が必要になります。チンパンジーを知ることなしに彼らを守ることはできません。イヌやネコについても同様です。彼らの心の世界を知ることなしに、本当に仲よく暮らしていくことはできません。動物たちがこの世界をどのように見ていて何を考えているのかを研究することは、人間の都合ばかりでなく、人間と動物が幸せな関係を築いていくうえで重要な手がかりを与えてくれるものなのです。そのためにも、動物実験をおこなううえでのルール、動物実験倫理の遵守が重要な意味をもつのです。

第7章

動物は自分のことをどれくらい知っている?

7-1 あなたはだあれ？ 鏡に映った自分の姿

●京都大学霊長類研究所 友永雅己

朝、目が覚めて寝ぼけた顔で鏡を覗き込み、寝ぐせでピンと跳ね上がった髪を整える。何気なくこんなことができるのも、鏡に映った姿が自分であることがわかっているからこそですね。私たちにとっては当たり前の行動なのですが、広く動物の世界を見渡してみると、このような能力は、実はきわめてまれなものであることがわかっています。

鏡に映った自分の姿を自分であると認識する能力を「自己鏡映像認知」と呼びます。ヒトの子どもでは、大体1歳半から2歳くらいになると、鏡に映っているのは誰、と聞かれて、「まーくん」などと自分の名前を答えることができるようになります。

でも、もちろんのことながら、私たちの「言葉」が通じない動物に、「そこに映っているのは誰？」などと聞くわけにはいきません。そこで、鏡映像を見たときにのみおきる特徴的な行動がないかを観察して調べます。

●自己指向性行動

最も特徴的な行動は、鏡映像を使ってふだんは見ることのできない体の部位を調べたりする反応です。さっきの髪の毛の例などがそうです。あるいは口を大きく開けて歯のようすを観察したりもするでしょう。さらには、私たちは2枚の鏡をうまく組み合わせて後頭部などのようすも確認することができますよね。このように、鏡を見ながら、鏡に映った像ではなく、自分自身に対しておこなわれる行動を「自己指向性行動」と呼んでいます。もし、動物においても、このような自己指向性行動が鏡映像を目の前にしたときに頻繁に観察されるのであれば、それは、その動物が自己鏡映像認知の能力をもっていると結論づけてもいいかもしれません。

このようなテストを初めて体系的におこなったのはアメリカのテュレイン大学にいたギャラップという研究者です。テストに参加した動物は鏡を見たことがあるチンパンジーです。ギャラップは、自己指向性行動をよりはっきりと見出すために、あるおもしろい工夫をしました。麻酔で眠らせたチンパンジーの眉のあたりに、赤いマークをつけたのです。そして、麻酔から覚めて落ち着いたチンパンジーたちに鏡を見せて、彼らが自分の顔につけられた見慣れないマークに対してどのような反応をするかを調べました。そうすると、彼らは鏡を覗きながら、マークをつけられたところを頻繁に触れたのです。このような行動は、マークをつける前にはほとんど見られませんでした。

●鏡のなかに自分を見出す

では、どのような過程を経てチンパンジーたちは鏡のなかに「自分」を発見するのでしょうか。初めて鏡を見たチンパンジーは、鏡に映った自分の姿を「見たことのない他者」と判断します（図7-1）。ですので、鏡に向かって威嚇をする、あいさつをする、といった社会的な応答が多く見られます。そのうち、鏡の裏に手を回したりといった、鏡そのものを探索する行動を経て、鏡の前で体をゆすってみたり、手をふってみたりといった行動が出現してきます。これは、自分の体の運動と鏡映像がどれくらい対応した動きをしているのかを調べているのではないかと考えられています。そしてこのような探索的な反応を経て、先に述べたような自己指向性行動が出現するようになるのです。

この過程は、先のギャラップの報告にあるように初めて鏡を見た大人のチンパンジーの行動の変化のパターンとして観察されるだけでなく、チンパンジーの幼児の鏡映像に対する反応の発達的変化としても現れます。興味深いことに、チンパンジーは身体成長という観点からはヒトの約2倍のスピードで成長するのに対し、自己鏡映

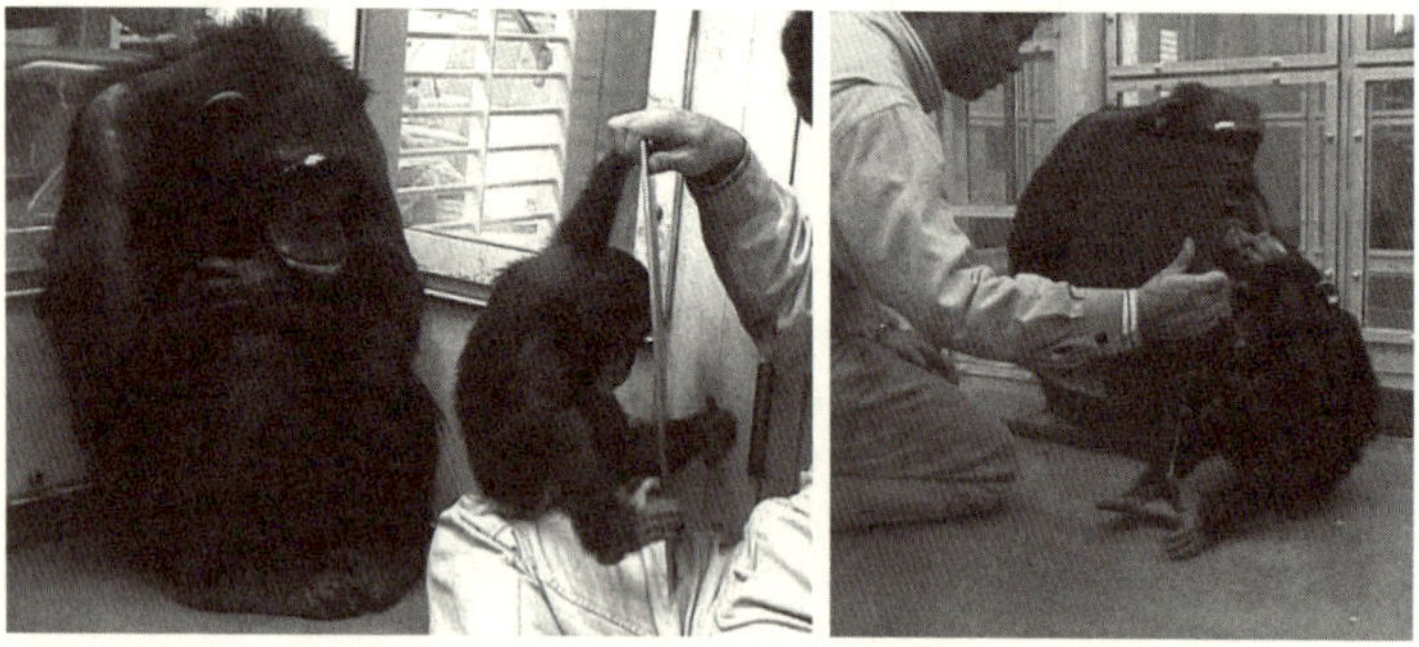

図7-1
写真左：11ヶ月齢のチンパンジーの子ども。鏡の裏側を探索している。写真右：そのチンパンジーが3歳になったころ。鏡を見ながらおでこにつけられた白いマークを触っている
（提供：京都大学霊長類研究所）

像認知は3歳から5歳にならないと出現しないことがわかっています。ヒトと比べた場合のこのような発達の時期のずれは、ヒトとチンパンジーにおける、鏡だけではわからない、より「深い」自己認識における違いを反映しているのかもしれません。

●イルカも、ゾウも

チンパンジー以外の動物では自己鏡映像認知は成立するのでしょうか。実は、テナガザルやニホンザルなど、ヒトや大型類人以外の霊長類では自己鏡映像認知に関する確固たる証拠はまだ得られていないのです。霊長類以外の動物を見渡すとどうでしょうか。最もよく報告されているのは、ハンドウイルカやシャチといった一部のクジラ類です。彼らでは、マークをつけられた側の体を鏡のほうに向けてマークを確認するという行動がよく観察されます。また最近、アジアゾウでも自己鏡映像認知が可能であるという研究が発表され、私たち研究者がびっくりするということがありました。鳥類では、カラスの仲間のカササギができたという報告があります。今後も、それぞれの動物種に適したかたちでの鏡のテストが開発されれば、これまでの考えを覆すような発見がもたらされるかもしれません。

7-2 我慢はできる?

●京都大学霊長類研究所　友永雅己

あなたにごちそうしてくれる人がいます。目の前にあるおにぎりと、ここから1時間かかるところにあるお寿司屋さん。あなたならどっちを選びますか? お寿司? では、60秒で出てくるハンバーガーと、注文してから10分待たないといけないピザだとどうですか? 結構、迷うかもしれませんね。

このような状況は、すぐに得ることのできる小さなご褒美と将来得ることのできる大きなご褒美の間の選択問題ととらえることができるでしょう。学習心理学では、ご褒美（強化）の効果はそれが手に入るまでの時間が長いと、それだけ減少する（遅延価値割引き）のではないかと考えられています。ただし、これは理想的な状況でのお話。実際には目の前にある小さな報酬に飛びつく人や、じっと我慢して大きな喜びを得る人もいます。心理学の世界では、前者のような目先の小さなご褒美に飛びつくことを「衝動性」と呼び、将来得られるだろう大きなご褒美を待つことを「自制（セルフコントロール）」と呼ぶことがあります。この両極端の傾向が、ある種の性格特性と結びついているのではないかといった研究もあります。

●我慢強さは種で違う?

この我慢強さの傾向が個人差を超えて、種間の傾向を反映しているのではないかということが最近いわれるようになってきました。例えば、非常に近縁な種の間でも、衝動的な選択と自制のきいた選択の割合が大きく異なる場合があるのです。

アメリカのハーバード大学のスティーブンスたちによる、南アメリカにすむ小さなサル、コモンマーモセットとワタボウシタマリンを対象にした研究を見てみましょう。彼らに、キャットフードのような固形飼料2個と6個のどちらを選びますか、という選択課題が与えられました。ただし、6個のほうを選んだ場合には、固形飼料を手にするまでの時間に待ち時間が追加されました。この待ち時間の長さを調整して、どれくらい長くすると2個と6個の間の選択に差がなくなるかを調べたのです。そうすると、マーモセットは平均14秒くらいまで我慢できたのに対し、タマリンは8秒しか待てませんでした。この違いは大きく、体重の差では説明がつきません。実際タマリンのほうが少し体は大きいのです。また、認知能力をおおまかに示すと考えてよい脳の大きさや、だましや協力などの社会的な知性の指標となり得る社会生活の複雑さについても違いはありません。でも、1つ決定的な違いがありました。タマリンは昆虫を主として食べているのに対し、マーモセットは昆虫よりも樹液に対する依存が大きいのです。昆虫をつかまえるためには、目の前に偶然現れた昆虫に躊躇している場合ではありません。この獲物を逃せばいつ次の獲物に出会えるかわからないのですから。一方、樹液は一度なめきってしまえば、次の樹液が出てくるまで一定の時間がかかります。そこに必要なのは我慢だけです。このような食べ物をめぐる環境の違いが「衝動性 - 自制」に影響をおよぼしている可能性が示されたのです。

また、同じチンパンジー属に属するチンパンジーとボノボの間にも「衝動性 - 自制」に違いが見られるという報告があります。先のマーモセットとタマリンの実験と同様、すぐにもらえる2個の食べ物（ここではブドウが用いられています）と待ち時間つきの6個の食べ物の間の選択に差がなくなる待ち時間を調べてみると、ボノボでは74秒だったのに対し、チンパンジーは123秒だったのです（図7 - 2）。この実験をしたマックス・プランク進化人類学研究所のロザッティらは、チンパンジーとボノボの結果の違いを、マーモセットたちの結果同様、彼らの食べ物をめぐる環境の違いに求めようとします。つまり、ボノボは比較的食べ物が豊かな環境に暮らしているのに対し、チンパンジーは果物の実りかたが不規則で予測しづらい環境に暮らしているということや、道具使用をほとんどおこなわないボノボに比べて、チンパンジーは、ヤシの実割りやアリ釣りといった、わずかな食べ物を得るためにしんぼう強く道具を用いる、などの点です。

ここで紹介した「衝動性 - 自制」を探る課題は、別の側面から見ると、目の前にある確実な結果と、見えない不確実な（リスクのある）結果の間の選択の問題であるともいえるでしょう。

ところで、先の研究ではヒトも実験に参加していました。おもしろいことに、食べ物を使って実験した場合、ヒトはチンパンジーほど待てませんでした。ところが、食べ物の代わりにお金を使って実験すると、その我慢強さは飛躍的に向上したそうです。この結果をあなたならどう説明しますか？

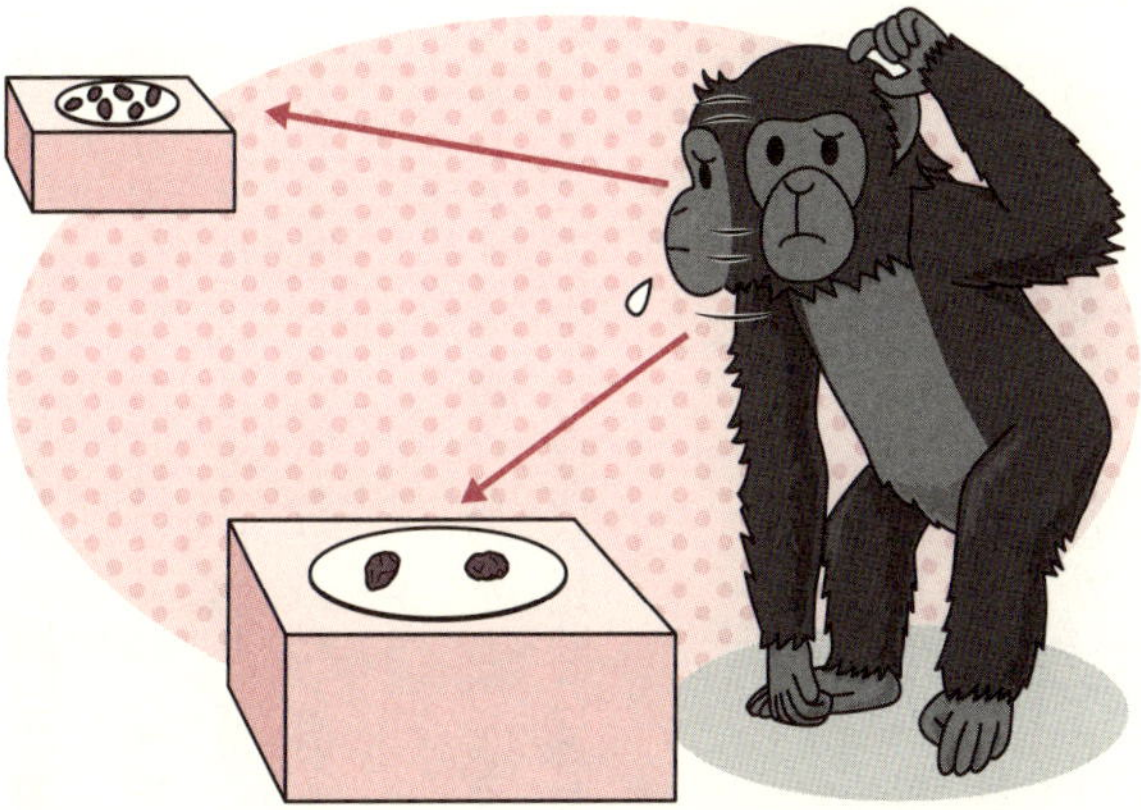

図7-2
すぐに食べられる2個のレーズンと、待たないと食べられない6個のレーズンで、チンパンジーの我慢強さを実験した

7-3 動物たちも遊びを楽しむ？

●帝京科学大学アニマルサイエンス学科　島田将喜

イヌやネコと一緒に暮らしている方は、彼らとのかかわりのなかで楽しさ・うれしさを感じることでしょう。その際、同時に相手も楽しんでいる・喜んでいるように感じられることがあるのではないでしょうか。では動物たちも、私たちと同じ意味で遊ぶのだといえるのでしょうか？

ひと口に遊びといっても、いろいろなタイプのものがあります。多様な遊びをどのように分類するかについては、さまざまな見解がありますが、ここでは動物種間の比較に適している動物行動学の枠組みを用いて話を進めましょう。

●遊びは何のため？

動物行動学では、外部から観察可能な情報だけに基づき、遊びを3つに分類します。走る、飛び跳ねる、転がるなど動物がひとりでおこなう「移動運動遊び」、石・木の枝など移動可能な物体を、手や口で触る・転がす・破るなどの「対物遊び」、追いかけっこ・取っ組み合い・くすぐり合いなど仲間とのやり取りの連鎖としての「社会的遊び」の3つです。

アメリカにあるテネシー大学のバーガートの著した『遊びの誕生』によると、生態がまだよくわかっていない種を除く大半の哺乳類で、3つのカテゴリーのすべてが観察されるといいます。スズメ目《もく》、オウム目《もく》、キツツキ目《もく》などのヒナは、孵化してすぐには自力で活動できず、一定期間は巣内で親からの給餌や保護を受ける「晩成性」と呼ばれる性質をもっています。晩成性の鳥類は、複雑な行動レパートリーと大きな脳をもつ傾向があり、やはり3つのカテゴリーすべての遊びが見られます。爬虫類では遊びはまれですが、ボールなどをつつくといった対物遊びは、飼育下のカメ類やトカゲやヘビなどで観察されます。哺乳類の報告をまとめると、遊びはその動物が病気や飢え・けが・捕食者に襲われる危険性・気温の異常などのストレスにさらされてない、いわばリラックスした状態で現れます。逆にいえば、遊びが観察されるなら、その動物はリラックスした状態にあると考えられます。

遊びは生きるためには不必要な行動に見えるため、なぜ自然淘汰されずに残っているのかは大きな謎です。これは未解決の問題ですが、説明の一例を紹介しましょう。アイダホ大学のバイヤースとウォーカーは、マウス・ラット・ネコの移動運動遊びは、幼年期の小脳におけるシナプス（神経接合）の生成と、筋肉の発達を促すと考えました。多くの動物の遊びは幼年期に集中的に現れ、成長に伴いまれになります。彼らによれば、それは幼年期こそ神経細胞や筋肉が急激に成長し、その後の発達を決定づける重要な時期だからなのです。

●高度な遊び

さて、ひと口に対物遊びや社会的遊びといっても、ヒトの場合、特定の物体に対して特有の意味や役割・規則を与える遊び、サッカーのようにチームに分かれて対戦する遊びなど、高い認知的能力を必要とする遊びかたが一般的に見られます。こうした遊びはヒト以外の動物にもあるのでしょうか。

野生チンパンジーの子どもや若者は、狩りをしてその肉を食べ終わったあとの残りかすとしての動物の「毛皮」を、首や肩に巻きつけて長時間もち運んだりすることがあります。また、太めの木の枝などを抱っこして、赤ん坊に対するのと同じように毛づくろいをしたりくすぐったりすることもあります。これらは、私たちがおしゃれごっこやお人形遊びと呼んでいる遊びかたとそっくりで、ヒトでは2歳ころから見られる「想像遊び・ふり遊び」の一種と考えられています。

野生ニホンザルの物体を伴った社会的遊びにおいては、「木の枝をもつほうが逃げる」「もたないほうが追いかける」そして、「もち手が交代すれば逃げ手の役割も交代する」という役割分担と交代の規則をもつ遊びかたを定着させている集団があることが報告されています。これはヒトでは7歳ころから見られる「ルール遊び」に近いものかもしれません。

最近、若い野生チンパンジーが、大きなかめを太鼓のように叩く「音遊び」が報告されました。彼らの音楽的センスや美的センスを示すような遊びの可能性については、今後の研究が期待されます。一方、チームに分かれて対戦する遊びは、これまでヒト以外に観察報告はないようです。

●遊ぶ＝楽しい？

ここまでは外部から観察できる遊びの行動的側面に着目してきました。こうした遊び行動が見られたとしても、動物がその行動を本当に「楽しんでいる」かどうか、というのは別の問題です。

私たちは遊ぶ子どもたちが笑っているのを見て、彼らが遊びを楽しんでいるなと直観的にわかります。チンパンジーは、社会的遊びをする場面で「笑い顔（口を大きく開けた表情）」や「笑い声（アハアハアハと聞こえる特徴的なあえぎ声）」が伴うことが多いため、観察者には彼らが楽しそうに遊んでいるように見えるものです（図7‐3）。では、こうした「感情」の表出がわかりづらい動物ならどうでしょう。

ラットを用いた実験により、取っ組み合いなどの社会的遊びをする動物の脳内では、オピオイドと呼ばれる快楽物質が分泌されて動物は快楽を感じることや、ドーパミンが分泌されて「やる気・動機」が促進されることが示唆されています。つまり遊びとは、その動物にとって「喜び」を伴う行動であり、見返りがある行動だというわけです。また短期間ラットを仲間から隔離して不安感を強めると、そのラットはその後、取っ組み合い遊びの量を増やします。この結果は、動物は社会的遊びを通じて他個体と接触し、緊張やストレスを減らせることを示唆します。

近年、本来の生息環境からは切り離されて暮らさざるを得ない動物園などの飼育動物の「幸せ」な暮らしをできるだけ実現しようとする取り組み（環境エンリッチメント）が、盛んになされています。遊び行動とその感情状態との関連を明らかにする行動・神経生物学的な研究成果は、飼育動物の福祉を考えるうえでも重要です。

図7-3
取っ組み合って遊ぶニホンザルの子ども。あおむけのほうは、口を丸く開ける「遊び顔」を見せている
（宮城県金華山・著者撮影）

7-4 「知ってる」「忘れた」はわかる？

●京都大学文学研究科　藤田和生

最近ではカーナビや街ナビは使わなくても、携帯電話のナビアプリを使って道案内ができるようになりました。便利なものですね。みなさんはどういうときにナビを使いますか？「目的地までの道順を知らないときに決まってるでしょ。わかりきったこと聞かないで」っていわれそうですね。

●メタ認知

そう、こうした調べごとをするのは、調べる対象に関する知識をもたないときや、それを忘れてしまったときですね。こうして的確に必要な情報を求めることができるのは、私たちが自分の知識や記憶の有無や明瞭さを認識できるからです（図7-4）。知識や記憶は自分だけが知ることのできる内的な認知状態です。つまりヒトは、外部にある情報だけではなく、自分の心のなかの状態を認知することもできるのです。これを「メタ認知」と呼びます。「メタ」というのは、「～の後ろにある」とか「～の上位にある」などを意味する接頭辞で、ここでは認知に関する認知、という意味です。メタ認知は、私たちが意識や内省と呼ぶ高度な心の働きの中心にあるしくみです。

動物も自分の心の状態を認知できるのでしょうか。言語という便利な道具が使えない動物で、これを調べるのは容易ではありません。しかし、近年、さまざまな巧妙な方法が工夫され、動物のメタ認知に関する研究が急速に発展しました。

●イルカのメタ認識

この領域に先鞭をつけたのは、ニューヨーク州立大学のスミスらです。彼らは1頭のハンドウイルカに、音の高さを聞き分けて左右の取っ手を押す課題を訓練しました。高い音は2100ヘルツで、このときは右の取っ手、それよりも低い音はすべて左の取っ手を押すことが正解でした。一番低い音は1200ヘルツです。半分くらいの割合で提示されるテスト試行では、中間の音が鳴ります。イルカが右の

図7-4
例えば、レストランに食事に行くときの、ヒトのメタ認知のイメージ図。左はレストランへの行きかたを憶えている場合、右はレストランの場所を忘れてしまったとき

取っ手を押して「高い」と答えると、次の試行では音が1段階低くなり、反対側を押して「低い」と答えると、音は1段階高くなりました。こうすると、音の高さは、イルカがやっと高いか低いかを聞き分けられるぎりぎりのところで上下することになります。なかなかたいへんな作業ですが、実はイルカには3つ目の取っ手が用意されていて、難しいときにこれを押すと、その試行だけ刺激が1200ヘルツになり、簡単に正解を出すことができました。ただ、あまり頻繁にこの「逃げ」反応を使うと、なかなか次の試行が始まらないというペナルティが用意されていました。

スミスたちは、イルカがどういうときに「逃げ」反応を使ってくるかを調べました。もしイルカが音の高さの判断に確信がもてないことを認識できる――つまり、メタ認知をもつ――なら、イルカは難しい音に対してだけ、この「逃げ」反応を使ってくると思われます。実際のイルカの行動は、まさにこのようになりました。この課題をヒトにもやらせると、そのデータはイルカと寸分変わりませんでした。イルカは本当に確信がもてないから「逃げ」反応を使ったのでしょうか。イルカに聞くことはできません。けれど、同じ課題をおこなったヒトに、「逃げ」反応を使った理由を聞くと、「確信がなかったから」と答えるのです。データの類似性から、ヒトとイルカが違うことをしているようには見えません。そこでスミスたちは、イルカもメタ認知を使っていたに違いないと述べています。別の実験でスミスたちは、画面上のドットの密度を答える課題で、アカゲザルもまったく同じように「逃げ」反応を使ってくることを示しています。

しかし、イルカやアカゲザルは、「確信のなさ」ではなく、音やドット密度がある範囲に入ったときに「逃げ」反応を使う、という策をとっていた可能性もあります。それではメタ認知になりません。この問題を回避する方策はないのでしょうか。

●アカゲザルのメタ認識

アメリカのエモリー大学のハンプトンらは、遅延見本合わせといわれる記憶課題を使ってアカゲザルのメタ認知を調べました。これは、最初に見せられた図形や写真（見本）と同じものを、時間をおいて（遅延時間）、いくつかの選択肢のなかから選び出す記憶テストです。ハンプトンらは、サルが直前に見た見本の記憶の確かさを判断できるかどうかを調べるために、遅延時間が終わったときに、記憶テストを受けるか、やめて図形を触るだけの「逃げ」課題にいくかを選択する場面を挿入しました。図7‐5に示すように、かなり複雑な課題です。サルがいつも「逃げ」課題に行かないように、記憶テストに正解するとサルはピーナッツがもらえるのに、「逃げ」課題では固形飼料しかもらえないようになっていました。課題が選択できず、強制的に記憶課題をさせられる試行もありました。記憶課題に失敗すると、軽い罰として何もできない時間（タイムアウト）が与えられました。

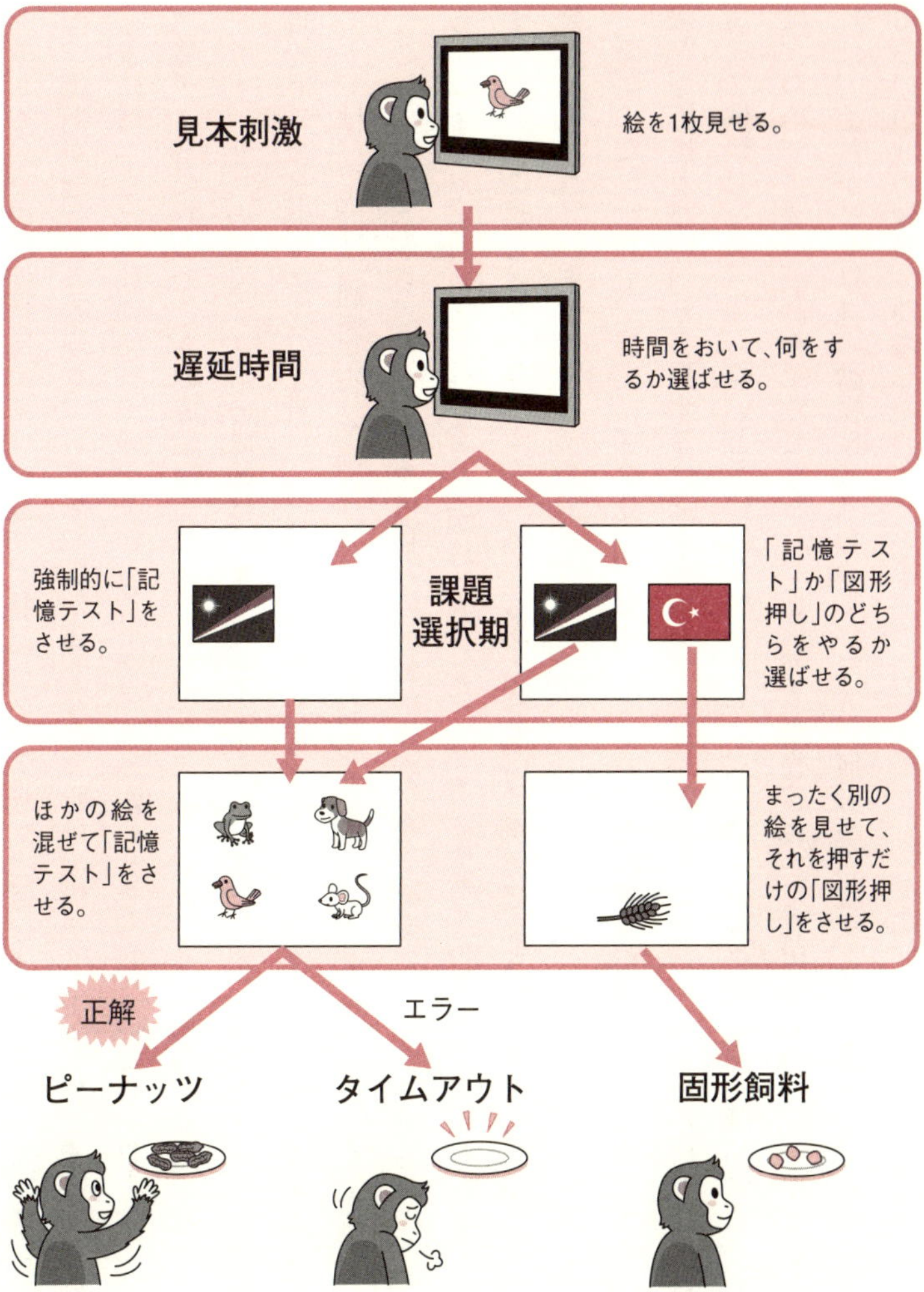

図7-5
アカゲザルのメタ認知を調べた実験

サルが自身の記憶に関するメタ認知（特に「メタ記憶」と呼びます）をもっているならば、課題が選択できる限り、自分の記憶が確かなときだけ記憶テストを受け、そうでないときには「逃げ」課題に行くのがよい方策です。サルがもしそうしていたら、自ら進んで記憶テストに行ったときの成績は、強制的にそのテストを受けさせた場合より高くなるはずです。サルの記憶テストの成績は、まさにそのようになりました。追加テストで遅延時間をさらに延長すると、「逃げ」課題に行く割合は多くなり、見本を見せない意地悪なテストでは、「逃げ」課題に行く割合は激増し、1頭のサルでは100％になりました。

これらのことから、アカゲザルは自身の記憶の確かさを、確かにモニターできることがわかりました。同じことは私たちがおこなったフサオマキザルの実験でも示されていま す。課題はこれとは異なりますが、ハトもある程度、メタ認知をもっているらしいことが最近示唆されています。

言語のない動物で、確実にメタ認知がある、と示すことは容易ではなく、動物ではまだ確実な証拠がない、と主張する研究者もいます。しかしメタ認知は、自信がないときにはあえて挑戦しない、知らないときには情報を求める、など、行動を適応的に調節するためにきわめて重要な役割を果たしており、あらゆる動物にとって有用なものです。そうであれば、それがヒト以外の動物種に備わっていても、何も不思議なことはありません。今後のこの領域の発展に期待したいと思います。

7-5

「怒ってる」「うれしい」はわかる？

●京都大学文学研究科　藤田和生

人と話をしていて、どうしようもなく腹が立つことはありませんか？　言葉の端々に嫌みや敵意が感じられると、ぶん殴りたい気分にさせられることもあります。けれど、そこで冷静さを失ったら社会人失格。なかなか難しいけれど、お互いが感情を制御し合わなければ、社会はうまく回りません。

感情が制御できるのは、自身の感情が認識できるからです。ヒトは自分の感情状態に気づいていて、ときと場合に応じて、それを隠したり、偽装したり、誇張したりすることができるのです。一種のだまし合いですが、私たちは日常的にこれをやっています。あまりうれしくないプレゼントにも、「わあ素敵、こんなのがほしかったの」といってみたり、味がイマイチだと思っても、手料理をごちそうになったなら、「とてもおいしいです」といってみたりします。

●感情の制御

動物ではどうなのでしょう。ドゥヴァールはアーネム動物園のチンパンジー集団でおきた興味深い出来事を記述しています。

ニッキーという若い元気なオスが、当時第1位のオスだったラウトに挑戦していたときのことです。ひと騒動のあと、ラウトがメスの支援を受けて、ニッキーを樹上に追い払いました。しばらくしてニッキーは、背中を向けて木の下に座っているラウトに向かって、再びフーフーという威嚇の声を出し始めました。それを聞いたラウトは思わず歯をむき出しにする表情を示しました。これは「グリメイス（泣きっ面）」と呼ばれ、チンパンジーが恐怖などで神経質になっていることを示す表情です。しかし、その瞬間ラウトは、あわてて手で上下の唇を押さえ込みました（図7-6）。同じことがまた繰り返されました。3度目になって、やっとグリメイスがおさまったところで、ラウトはニッキーのほうに向き直り、威嚇をやり返したのです。

他方ニッキーのほうは、ラウトとメスが去るのを待っていました。突然、彼は背を向けました。ニッキーの顔にグリメイスが表れ、静かに悲鳴に似たやわらかい声を出し始めました。彼も恐怖が顔に表れるのを必死でこらえていたのでしょう。ライバルに自分の恐怖をさらけ出すことは、戦いを進めるうえで不利になります。この2頭のオスは、おそらく自身の恐怖心とその表れに気づいて、それを抑制したのだろうと思われます。

もう1つ同じ動物園でおきたエピソードを紹介しましょう。ダンディは4頭の大人オスのなかで最も若い個体でした。チンパンジー社会は順位制が厳しく、上位のオスの前で下位オスがメスと交尾するのは御法度です。あるときダンディと1頭のメスが誘い合って、落ちつきなさそうに辺りをうかがいながら、交尾をしようとしていました。ダンディが脚を開いて股間の元気なものをメスに見せ、求愛を始めたとき、年長オスのラウトが近づいてきました。ダンディ危うし！　するとダンディはあわてて両手で股間を隠したのです。

また別のときのこと、ラウトがメスに求愛をしようとしていました。このとき第1位オスだったニッキーは、50メートルほど先で寝転がっていました。突然ニッキーが立ち上がりました。すると、ラウトはメスから数歩離れ、ニッキーに背を向けて座りました。ニッキーは重い石を途中で拾い、ラウトのほうに近づいてきました。ピンチです！　ラウトはニッキーのようすをうかがいながら自分の股間を見まし

図7-6
木の上にいるチンパンジーの威嚇の声におびえ、思わず恐怖の表情を出しそうになったが、唇を押さえ込んで、それを隠すチンパンジー

た。それはしだいにしぼみつつありました。ラウトは、それが完全にしぼんだのを確認してから、ニッキーに向かって歩み寄って行きました。そしてニッキーがもっていた石のにおいをちょっと嗅いだあと、何事もなかったかのように、メスと一緒に去って行ったのです。巧みなかわし戦術ですね。

右の例は、厳密にいうと感情状態の認識ではないかもしれませんが、これらも、メスと交尾をしたいという自身の気持ちや興奮状態に気づいて、それを抑制した事例だということがいえるでしょう。

●表情のコントロールはおこなわれるか？

こうした感情の認識と制御は、実験的にはほとんど検討されていません。私たちはフサオマキザルが、互いが協力すべき場面と、互いが競合している場面で、感情の表出が変化するかどうかを実験的に調べてみました（図7-7）。

2頭のサルを向かい合わせ、真ん中にしかけのある餌箱を1個おきます。1頭は情報提供者で、他方が操作者です。操作者は、いつも他者の顔色をよくうかがう、群れの最下位のメスが務めました。餌箱のなかにはサルの喜ぶ餌と、サルが怖がる物体のどちらかが入っています。何が入っているかは情報提供者だけが見ることができます。操作者は、箱の中身を見ることはできませんが、情報提供者の反応を参考にして、箱を操作して内容物を手に入れるかやめるかを決めることができました。

条件は2つです。1つの条件（協力条件）では、操作者が箱を操作すると、操作者と情報提供者の両方に、箱の内容物が与えられました。このときには情報提供者は自身の喜びや恐怖の感情を増幅して示したほうが適応的です。なぜなら、おいしい餌に対して喜びを強調すれば、操作者に装置を引いてもらうことができますし、他方、嫌な物体なら、操作者が装置を引かないので、自分もそれに近づかないですむからです。

もう1つの条件（競合条件）では、内容物が一方にだけ渡るようにしました。操作者が装置を引けば、このサルが内容物を独占し、操作者が拒否すれば、情報提供者が箱のしかけを引いて内容物を独占できます。この場合、情報提供者は、おいしい餌をもらおうと思ったなら、喜びの感情を隠したほうが得策で、逆に怖いものを見たときには、操作者にそれを引かせるために、うれしそうに偽装するのが得策です。

図7-7
左のサルには箱の内容物がわかるが、右のサルは左のサルの反応を見なければ内容が推理できない。このとき、左のサルは箱の中身がほしいか否かによって、反応を強調したり隠蔽したりできるだろうか？　詳細は本文参照

残念ながら、実験の結果は、あまり明瞭でありませんでした。でも1個体だけですが、条件によって感情の表れを制御していることを示す行動上の変化が見られました。嫌な物体が入っているとき、装置付近にへばりついて怖がっている時間が、協力条件のほうが、競合条件よりも長かったのです。ひょっとすると、このサルは自身の感情状態を認識し、協力条件では、それは嫌なものだから引かないで、と操作者に訴えていたのかもしれません。

ヒト以外の動物が自身の感情を本当に認識できるのかどうか、結論を出すには、まだまだ時間がかかりそうです。

7-6

動物にも「思い出」はある？

●京都大学文学研究科　藤田和生

初めて舞台で演奏した幼稚園の学芸会、母親の手づくりの晴れ着を着て出かけた小学校の入学式、甘く切ない初恋、合格発表の日の歓喜、私たちの頭のなかは思い出でいっぱいです。友人と話をしているとき、結婚式で2人のなれそめが披露されるとき、私たちは折に触れ、過去をふり返ります。いくら時間が経っても消えることのない思い出。甘いものもあれば苦いものもあるけれど、すべての思い出は、自分を無二の存在にする大切な財産ですね。

いうまでもなく、思い出は記憶の一種です。記憶にはいろんなタイプのものがあります。自転車の乗りかた、おしゃべりするときの舌や喉の筋肉の動かしかたなど、言葉で表現できない熟練した作業の記憶は「手続き的記憶」と呼ばれています。それに対し、言葉で伝達可能な情報の記憶は「宣言的記憶」と呼ばれています。思い出は宣言的記憶の一種で、特に「エピソード記憶」と呼ばれています。

●WWW記憶

この記憶は過去に生じた個人的体験の記憶です。これには2つの重要な特徴があります。1つは、事象の記憶としての性質で、いつ、どこで、何が生じたのかが、セットになって思い出されることです。○○居酒屋でおこなわれた今年の卒論発表会後の打ち上げコンパで、A君がジャグリングを披露してくれたなあ、などという記憶ですね。この性質は、what、where、whenという英語の疑問詞から、「WWW記憶」と呼ばれています。このいつ、どこ、というのはあいまいな場合も多いですが、完全なものでは、これらがすべて含まれています。

もう1つの特徴は記憶の偶発性で、特に憶えるつもりはなかった出来事が、後日、意識的に努力して初めて思い起こされてくるという性質です。このため、エピソード記憶は自分の心のなかを覗く内省的過程を含むものだと考えられています。

●動物の記憶する力

動物がエピソード記憶をもつかどうかは、先の2つの側面から研究されています。まずWWW記憶としての性質は、いくつかの動物で確認されています。

イギリスにあるケンブリッジ大学のクレイトンらがおこなったフロリダカケスを用いた研究では、余った食べ物を地面に穴を掘って隠し、後日、取り出して食べる「貯食」という習性が利用されました（図7-8）。まず、カケスに2種類の餌の性質を教え込みました。1つはピーナッツです。冷蔵庫の製氷皿に砂を入れたトレイにピーナッツを隠させて、４時間後、あるいは１２４時間後（５日＋４時間）に取り出させました。ピーナッツは保存性がよく、いずれの場合にもおいしく食べることができました。もう１つはハチミツガの幼虫で、４時間後にはおいしく食べられますが、１２４時間後では腐って食べられません。

次いで、２連の製氷皿を用意し、一方にピーナッツを隠させ、１２０時間後に、他方にハチミツガの幼虫を隠させました。隠す順序は逆の場合もありました。そのあと４時間して取り出させます。ピーナッツを先に隠した場合にはどちらもおいしく食べられますが、ハチミツガの幼虫を先に隠した場合には、１２４時間も経ったこの幼虫は腐って食べられません。これを一度だけ経験させます。

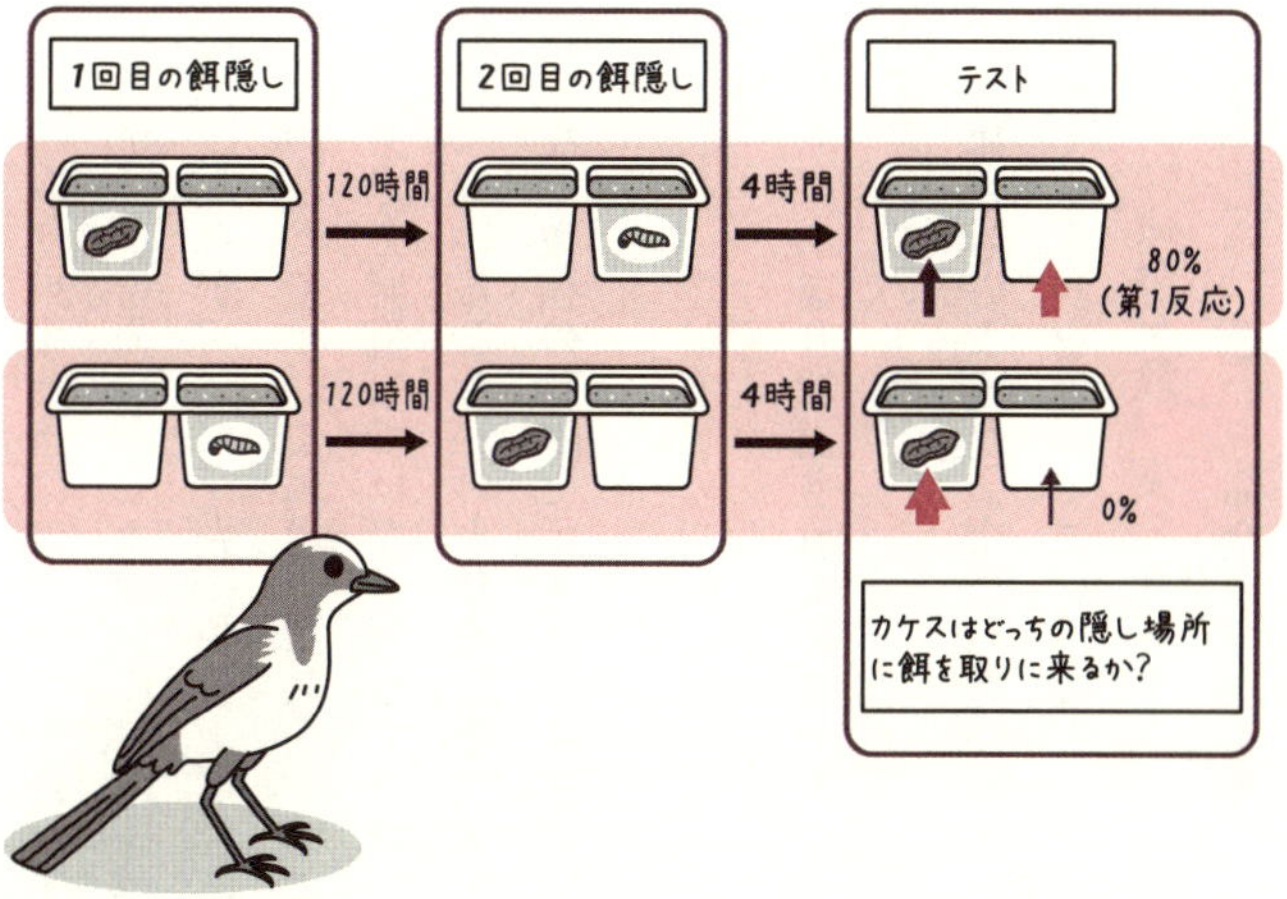

図7-8
クレイトンらのカケスを使った実験

そのあとテストをします。テストでは、テストの準備とまったく同じように餌を隠させるのですが、においなどの手がかりが使えないように、取り出すときには、隠された餌を実験者がすべて抜き取っていました。カケスは、ピーナッツを先に隠した場合には、圧倒的に幼虫の入っているはずの箱を探りに行きました。ところが、幼虫を先に隠した場合には、逆にピーナッツの入っているはずの箱を探りに行ったのです。これはカケスが、どこに何を隠したか、だけではなく、いつそこに隠したかまでを記憶していなければできないワザです。つまりカケスにはWWW記憶の能力が備わっていることがわかりました。WWW記憶は、これまでにラットやアメリカコガラ、類人など数種の動物で示されています。

●偶発的記憶の実験

他方、偶発的記憶であるという性質はテストが難しく、あまり検討されていません。しかし、いくつかの実験で、それらしい性質の記憶が示されています。

ハワイ大学のハーマンらは、ハンドウイルカに、手旗信号のような命令にしたがって行動することを訓練しました。ビート板のところに行ってボールをもってこい、などといったかなり複雑な命令です。彼らはイルカに2つの特別な命令を教えました。1つは「反復」という命令で、直前におこなった動作と同じ動作をしろ、という命令です。もう1つは「創造」という命令で、直前の数回はおこなっていない動作を自分で工夫しろ、という命令です。そのあと、イルカに、「創造」という命令を出したすぐ次の試行で、「反復」という命令を出してみました。このような順序で命令が出されることはそれまでなかったのですが、イルカは見事に前の試行で自分が工夫した行動を反復して見せたのです。自身のおこなった行動を憶えておく訓練は受けていません。つまりイルカは、偶発的に記憶していた自身の行動を反復したと考えられます。

　私たちも、イヌの偶発的記憶を調べました（図7-9）。4つのふたのない容器を扇形に並べます。うち2つには食べ物、もう1つには石ころなどを入れ、もう1つは空にしておきました。飼い主に依頼して、イヌをリードで誘導してすべての容器の内容を確認させ、2つの食べ物のうち一方

図7-9
イヌの偶発的記憶の実験

だけを食べさせました。そのあと、戻ってくる期待を抱かせないようにイヌに「バイバイ」とあいさつをして、帰り支度で飼い主と一緒に調査室を出てもらいました。

その直後、においの手がかりが使えないように、容器を全部、空の同じものにおき換えます。15分ほどして、飼い主とイヌに調査室に戻ってもらい、イヌに自由に箱を探索させました。すると多くのイヌは、真っ先に食べ残したご褒美のあるはずの箱に向かったのです。残された食べ物のありかを憶える訓練はしていません。イヌは偶発的に記憶した自身の過去の経験を、テスト時に思い出して利用したのだと考えられます。

このように、動物も、エピソード記憶の要素を満たす行動をおこなう能力があることが実証されています。動物たちも、ひょっとすると思い出に遊び、昔の武勇伝や、初恋の思い出にひたっているのかもしれません。イヌたちが、ぼんやりと遠くを見つめるとき、彼らは何を考えているのでしょう。

7-7 動物も将来を思い描ける？

●京都大学文学研究科　藤田和生

明日は彼との初詣。何を着ていこうかな。やっぱりふり袖かな。帯はどうしようかな。バッグはどれにしようかな……。

楽しいことを思い描いては微笑み、明日の試練を思いやっては悩む。私たちヒトは、いまだけに生きているのではなく、過去をふり返り、未来を見つめ、時間のなかで生きています。後悔や反省とともに、希望もそこからわき出してくる営みですね。これはヒトだけに許された特権でしょうか。それとも動物も将来のことを考えることがあるのでしょうか。心のなかで、時間を旅することはできるのでしょうか。

●朝食の準備をするカケス

イギリスにあるケンブリッジ大学のクレイトンたちは、２００７年に、アメリカカケスというカラス科の鳥が、翌日の朝食の準備ができるという衝撃的な論文を、ネイチャーという最も権威ある学術誌に発表しました。アメリカカケスは、余った食物を土のなかに埋めて貯蔵し、後日それを掘り出して食べる習性をもっています。彼らは貯食といわれるこの習性を利用して、巧妙な実験をおこないました。

仕切ることのできる3連の小部屋A、B、Cからなる実験箱を用意します。両端のA室とC室には、砂のようなものを詰めた貯食用の冷蔵庫の製氷皿をおいておきます。中央のBには餌皿をおきます（図7-10、7-11）。

毎日夕方になると、カケスはB室に入れられ、夕食として、マツの実の粉末が与えられました。仕切りは開放されていてA室にもC室にも行けるのですが、粉末なので、これは貯食することができません。

次の日の朝、カケスはA室かC室に閉じ込められました。一方の部屋では、朝食としてマツの実の粉末が与えられましたが、他方の部屋では朝食はありませんでした。カケスには、夕食をB室で食べた翌日、朝食ありの部屋と朝食抜きの部屋を、それぞれを3回ずつ経験させました。

そのあと、夕方にテストがおこなわれました。このときカケスはいつものようにB室に入れられましたが、いつもと違って、夕食に丸のままのマツの実が与えられました。これは貯食することができます。

クレイトンたちの興味は、カケスが朝食あり、朝食抜きのどちらの部屋に多くのマツの実を隠すかでした。もしカケスが、一方の部屋では翌朝に朝食が食べられて、他方の部屋では

図7-10
カケスの貯食行動を調べるための実験装置

空きっ腹を抱えることになるだろうことを予測し、準備的に行動できるなら、前夜のうちに、朝食抜きの部屋のほうにたくさんのマツの実を隠しておくのではないかと考えられます。

隠されたマツの実を数えると、朝食抜きの部屋のほうには、朝食ありの部屋の約3倍の数の実が見つかりました。カケスは本当に明日のために朝食を準備したのでしょうか。

クレイトンたちは慎重でした。カケスは空腹と結びついた部屋に貯食をする傾向があっただけかもしれないと考えたのです。

そこで彼らは、2つ目の実験で少し方法を変えて、B室にはピーナッツの粉末とドッグフードのような固形穀物の粉末を与え、朝食にはピーナッツが与えられる部屋と固形穀物が与えられる部屋を設けました。そして、テストでは、夕方にカケスをB室に入れて、丸ごとのピーナッツと固形穀物を与えたのです。

するとカケスは、ピーナッツが与えられる部屋には固形穀物、固形穀物が与えられる部屋にはピーナッツを、それぞれより多く隠したのです。単に空腹と結びついた

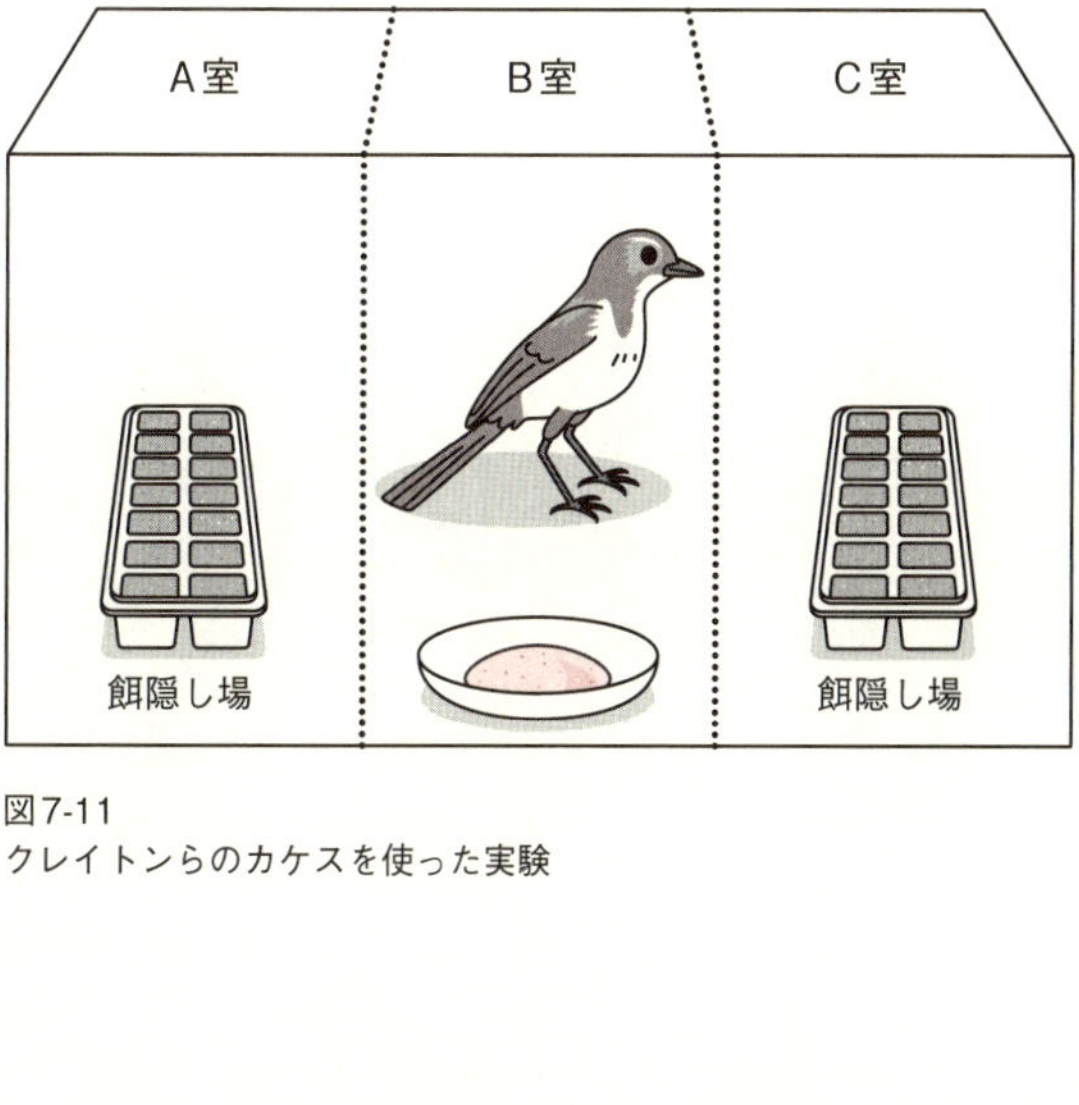

図7-11
クレイトンらのカケスを使った実験

部屋に食べ物を隠していたとしたら、こうした行動は生じません。カケスは翌日の朝食の内容を考慮して、バランスのとれた朝食の準備をしたのだといえます。

カケスの貯食行動は、特異的に進化してきた行動です。こうした行動に関する将来計画と、私たちのような行動全般に関する将来計画は同じではないかもしれません。もっと一般的な学習行動についてはどうでしょうか。

●将来使う道具をもち出す類人たち

ドイツのマックス・プランク進化人類学研究所のムルカイとコールは、大型類人が、後刻必要になる道具を取りおきすることを示しています。

実験室に簡単な道具使用課題を設置します。穴から細い棒を差し込んで、奥の乾燥スパゲッティを折ると、その両側にぶら下げられた果物が落下する課題です（図7－12）。類人にとっては何でもない課題です。

さて実験では、使える道具と使えない道具を床にいくつかばらまいておいて、類人を1頭ずつ導き入れます。課題もセットされているのですが、このときには穴が透明な板でふさがれていて、道具を差し込むことができません。

5分後、類人を隣の待機室に追い出し、残された道具を片付けて、1時間後に再び実験室に戻しました。このときには、課題を邪魔していた透明な板は取り除かれていました。

これを繰り返すと、類人は、適切な道具をもち出し、もち帰ってくるようになったのです。誰もそうしろと指示したわけではありません。最も成績のよかったオランウータンとボノボそれぞれ1頭は、待機室ではなく、一晩寝室に戻す条件に変えても、ちゃんと適切な道具をもち出し、もち帰ってきました。つまり、彼らは少なくとも10時間以上先のことを考え、準備的な行動をとることができるのです。

将来を思い描くことができるのは、どうやらヒトだけの特権ではなさそうです。類人たちは、ベッドのなかで、明日のことを考えているのかもしれません。

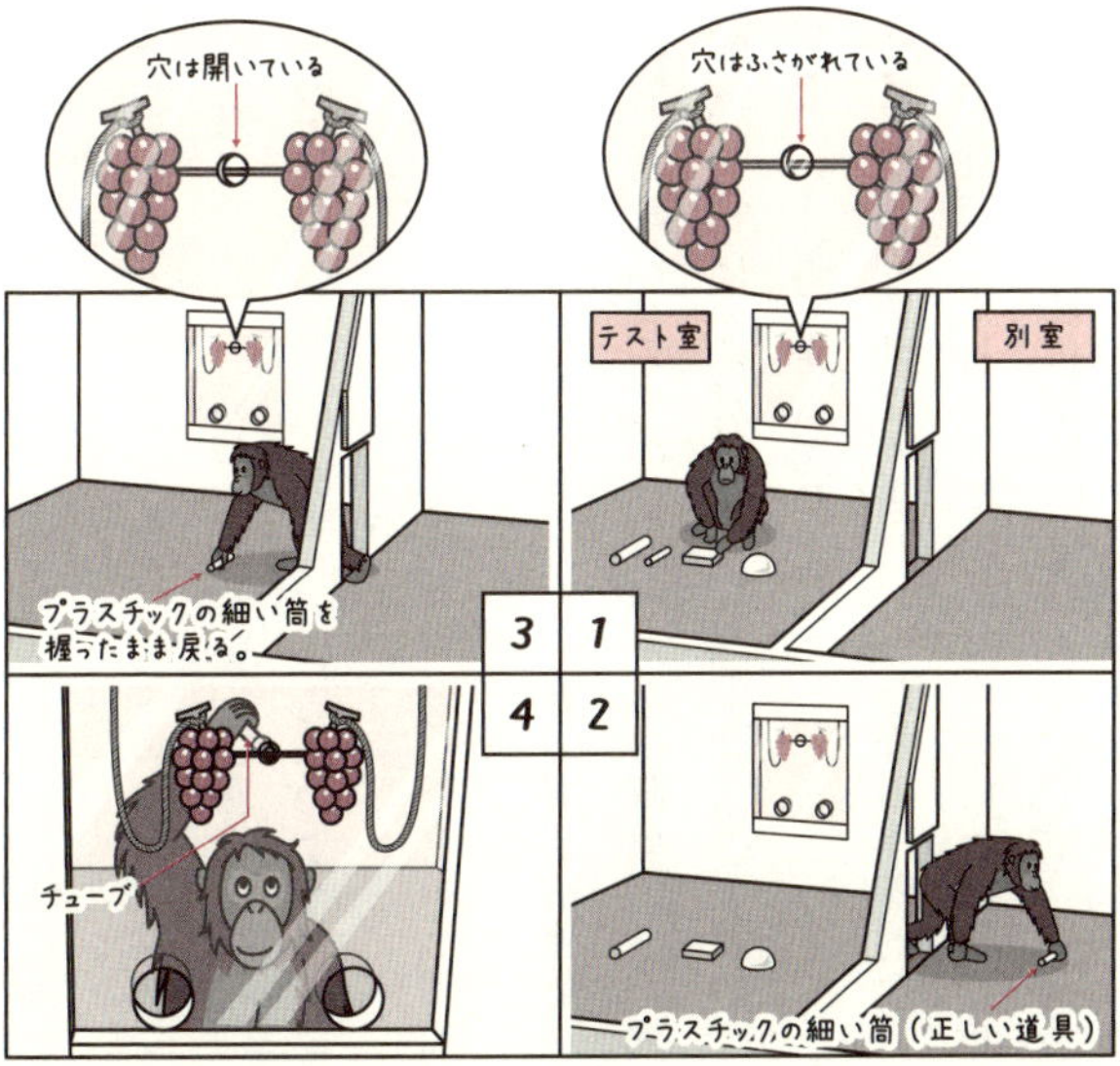

図7-12
1　使える道具と使えない道具を床にいくつかおいておく。課題もセットされているが、穴が透明な板でふさがれていて、道具を差し込むことができない
2　5分後、類人を隣の待機室に追い出す
3　道具を片づけて、1時間後に再び類人を実験室に戻す。このとき穴をふさいでいた透明な板は取り除かれている
4　これを繰り返すと、類人は使える道具をもち出し、もち帰ってブドウを取るようになった

7-8 ヒトの脳のなかに動物の脳がある？

●千葉大学文学部　牛谷智一

私たちは欲求と理性のせめぎ合いを感じることがあります。筆者は、「これ以上食べたら体に悪い」と「もっと甘いものをたくさん食べたい」といったたぐいの葛藤を1日に何十回も経験します。まるで、頭のなかに2人の人間がいて、いい争っているかのようです。

●脳の三位一体説

この日常的な感覚にしっくりくる有名な説があります。それはアメリカの国立精神衛生研究所のマクリーンによる「脳の三位一体説」と呼ばれるもので、私たちの脳は、一番内側に「爬虫類脳」、その外側に「古哺乳類脳」、さらにその外側に「新哺乳類脳」、というように3つの脳部位が入れ子型になっているという説です（図7 - 13）。

爬虫類脳というのは「大脳基底核」と呼ばれる脳の領域に相当し、いわゆる本能的な、遺伝的に固定された行動をつかさどると考えられてきました。生物の進化のなかで爬虫類の出現とともに大きく発達した古い脳という意味で「爬虫類脳」というわけです。

古哺乳類脳というのは「大脳辺縁系」と呼ばれる脳の領域に相当し、情動・感情をつかさどると考えられてきました。爬虫類から分離したばかりの初期の哺乳類の出現とともに発現したという意味で「古哺乳類脳」と名づけられました。

新哺乳類脳というのは「大脳新皮質」と呼ばれる脳の領域のことで、より高度な認知能力、例えば推論や洞察、言語や理性などをつかさどると考えられ、テレビなどでは「人間脳」と呼ばれることもあります。このように進化史的には比較的最近出現したと考えられる脳部位の存在こそヒトの脳の特徴である、というわけです。

マクリーンの三位一体説は、元来の仮説の域を超えて、独り歩きする傾向があるようです。インターネットやテレビでは、「私たちの頭のなかには、まるで原始的な爬虫類脳がほかの2つから独立して生きており、常にそこから本能的な欲望に突き動かされている」「ヒトは，進化のなかで獲得した理性的・知性的な新哺乳類脳をもって爬虫類脳の活動を抑え込んでい

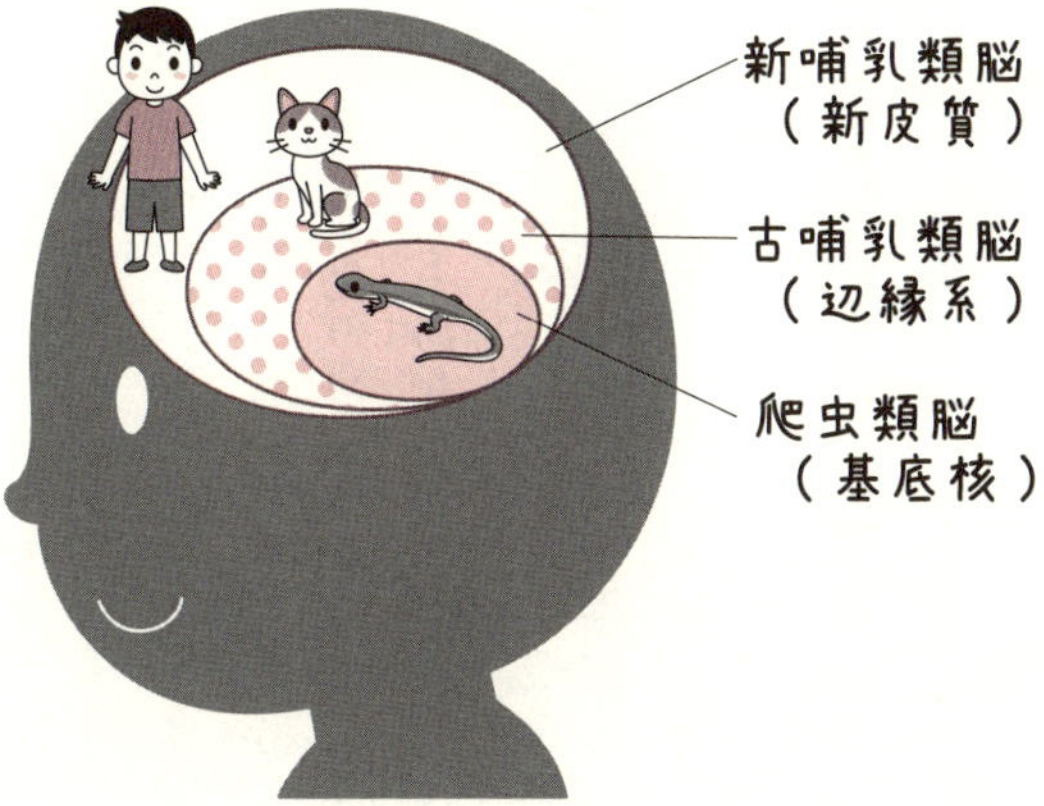

図7-13
「脳の三位一体説」から派生した一般的な脳構造のイメージ

る」といったイメージで紹介されていることがあります。この説は、冒頭に述べた欲求と理性のせめぎ合いを脳科学的に裏づけているようにさえ見えます。

●三位一体説の誤り

しかし、このような「三位一体説」は、いくつかの誤りを含んでいます。第1に、この説は動物の進化を正しく描いていません。生物は、枝葉を広げるように、共通の祖先から分岐を繰り返して進化してきました（図7-14a）。現存種は進化の樹の枝先だけを見ているようなものです。どの種も各々の環境やその環境での生きかたのなかで最も進化した最新の形態をもち、どれがより進化している、どれが原始的である、などという序列をつけることはできません。しかし、この説は、より進化的に劣った（後進の）爬虫類から、ヒト以外の哺乳類を経て万物の霊長たるヒトに至るまで直線的に進化する、という誤ったイメージを与えます（図7-14b）。

第2に、この説はヒト以外の動物をより認知的に劣ったものとして見なしているような印象を与えます。爬虫類脳というと、まるで爬虫類が遺伝的に規定された「本能的な」行動しかおこなえないように聞こえます。さらに、古哺乳類脳という名称は、ヒトよりも古い哺乳類が現存し、それらは推論のような高度な知性をもち合わせないようにも聞こえます。しかし、この本の随所に述べられているように、爬虫類もヒト以外の哺乳類も学習能力をもち、ときにはヒトよりも合理的なふるまいを見せます。推論や洞察をしているのではと思わせるような高度で複雑な行動を見せる動物種もたくさんいます。そのすべてではないにせよ、そのなかには本当に推論や洞察をしている動物種もいるでしょう。「爬虫類脳」の原語は、R－complex（R = reptilian「爬虫類の」complex「複合体」）ですが、いずれにせよ誤解を与えかねない名称といわざるを得ません。

第3に、爬虫類はまるで大脳基底核しかもたないようなイメージを与えてしまいます。また、ヒトや一部の哺乳類だけに大脳新皮質が存在するかのようなイメージを与えます。しかし、実際には脊椎動物の脳は基本的に同じような構造をもっています。脳はたいへん保守的な器官で、長い進化史のなかで見た目のかたちや大きさを大きく変えてはきたものの、機能的な

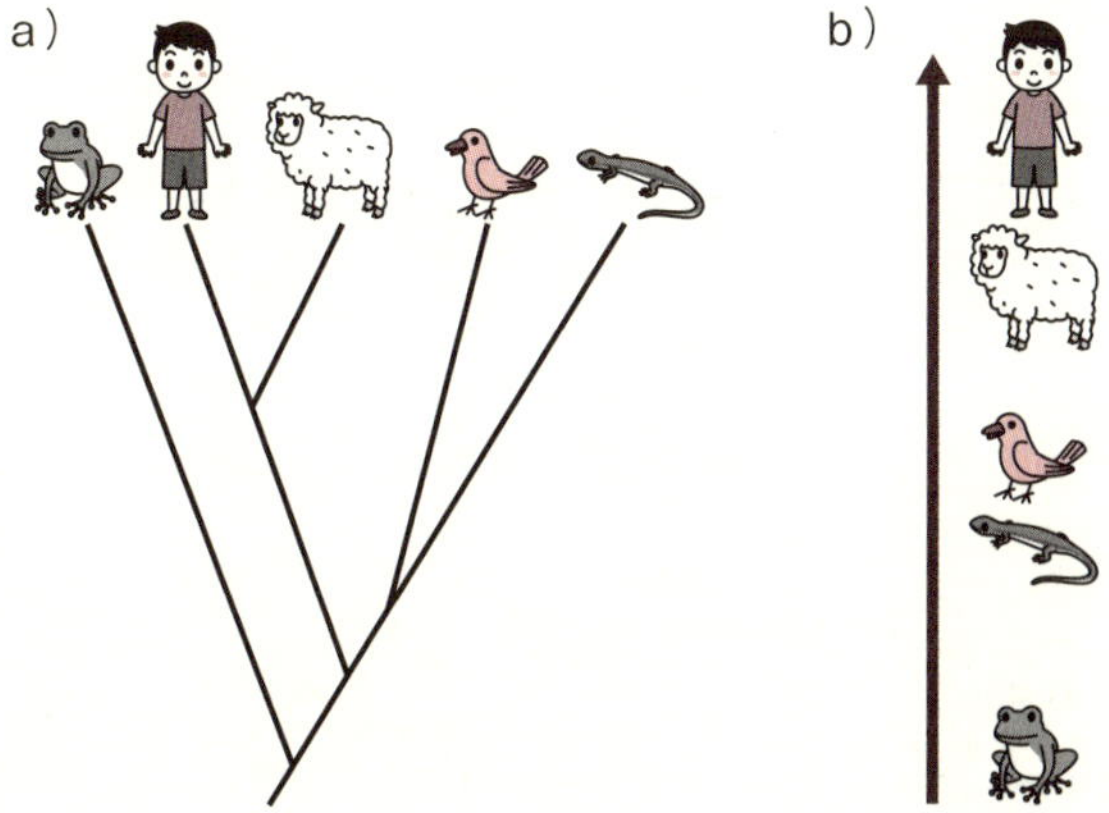

図7-14
a）進化は種の分岐を繰り返し、枝葉を広げるように展開してきた
b）進化の誤ったイメージでは、しばしば直線的に種がヒトに近づいていくように描かれる。古くはアリストテレスが論じ、ダーウィンの前に進化論を唱えたラマルクも同様の進化をイメージしていた

デザイン（図7‐15）にはほとんど変更がありません。驚くかもしれませんが、ヒトも含めて、魚類、両生類、爬虫類、鳥類、哺乳類はいずれもこの共通の脳構造をしているのです。

大脳についていえば、確かに「大脳新皮質」と呼ばれる部分は、哺乳類の出現とともに新たに大脳につけ加わるようになり、いわゆる高度な認知機能を担っているといわれています。そのため、新皮質をもたない、魚類、両生類、爬虫類、鳥類は、哺乳類と比べて低い知能しかもたないと考えられてきました。しかし、例えば鳥類では、2004年の比較神経科学誌に、アメリカにあるテネシー大学のレイナーら鳥類脳命名フォーラムのメンバーが論文を発表し、これまで哺乳類特有と考えられてきた大脳新皮質の働きが、鳥類では新皮質ではない部位で実現されていることを明らかにし、それら鳥

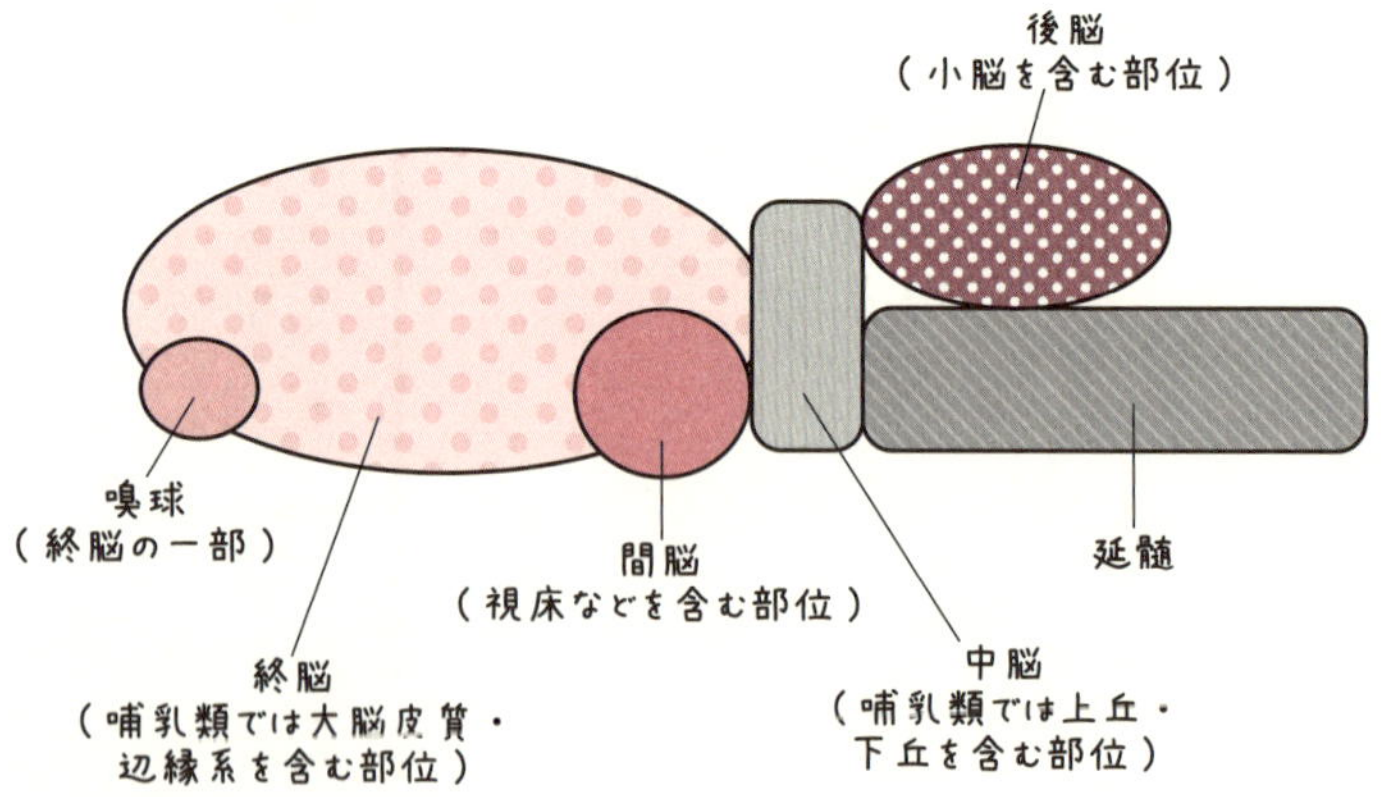

図7-15
脊椎動物の基本的な脳のデザイン。哺乳類では大脳皮質が大きく外側に発達し、間脳・中脳・小脳の一部まで覆い隠している。見た目は魚類、両生類、爬虫類、鳥類、哺乳類で異なり、また各部位の大きさや複雑さも大きく異なるが、基本的なデザインは維持されている

類の脳部位の新しい名前を提案しました。脳科学だけではなく、道具使用や推論、エピソード記憶、メタ認知など、心理学の世界でも鳥類の高度な知性が明らかになりつつあります。また、動物心理学系の学術雑誌に、カメや魚の高度な認知機能に関する論文がいくつも載り始めています。

独り歩きした脳の「三位一体説」、あなたはまだ信じますか?

7-9 ヒトはいつも一番？

●京都大学文学研究科　藤田和生

私たちヒトは、自分たちがほかの動物とは一線を画した存在であり、彼らに優越した存在である、と考える傾向がありますね。自分たちは地球の支配者であり、「下等動物」とは違う、と。確かにヒトは、単一の動物種としては大きな成功を収めた存在です。あくまでいまのところは、ですけれど。

でも個体数で見れば、たかだか70億人。嫌われ者のダニの仲間など、布団1枚に数千万匹もいるのですから、桁がまるで違います。全個体合算の重量でいうと、いい線はいくかもしれませんが、残念ながらこれも数億トンとも10数億トンともいわれるナンキョクオキアミには及びません。こうした面で一番になるのはなかなかたいへんそうです。

●ヒトと動物はどこが違う？

ヒトと動物の違いはいろいろあげることができます。動物界で唯一直立二足歩行するとか、土踏まずがあるとか、陸生動物にしては体毛が極少で皮下脂肪を蓄えているとか、全身に汗をかく、などがそうです。でもヒトにはもっと大切な切り札がある、とみなさんは思っておられますよね。それはもちろん心の豊かさ。知的な面でいえば、言語をしゃべる、複雑な道具をつくり使用する、文化をもつ、などです。感情的な面でも、愛や友情、思いやりなどがヒト特有だと思う人もいるでしょうね。自分の心のなかを覗く意識や内省などもその例だと思うかもしれません。

そうですね、それらが高度に発達しているのは、確かにヒトの特徴です。でも、すでに見てきたように、ヒトだけの特徴かといわれるとそうでもありません。類人たちも手話や図形言語などをある程度習得できるし、簡単な道具もつくります。地域によって使う道具やあいさつ行動などが異なっていて「文化」と呼べるものがあります。言語的な能力はイルカやアシカ、オウムなどにもありますし、道具を使う動物は数多くいます。ニューカレドニアガラスなどは、チンパンジーさえつくらないフックのついた道具をつくり、木の穴に潜む幼虫を釣り上げて食べます。地方によって異なる鳥類のさえずりも、「文化」を通じて学習されたものだと考えられています。すでに述べたように、思いやりのような感情の存在も示されていますし、意識や内省も、少なくともその萌芽的なものは、種々の動物にありそうです。つまりこれらの面での違いは量的なものにすぎません。これを根拠にして、ヒトがほかの動物とは隔絶した存在だと主張することは困難です。

ヒトの特徴をあげてください、といわれると、多くの人は、ヒトにできて動物にはできないことをあげようとすると思います。右の例もみんなそうですね。でも実際にはヒトにはできないけれど動物にはできること、というのもたくさんあります。

●ヒトをしのぐ動物の優れた能力

例えば、色の見えかたのところで出てきたように、昆虫や鳥類のなかには紫外線がよく見える動物がたくさんいます。また光は波なので、振動方向があるのですが、ヒトにはまったくわかりません。ところが、ハトやミツバチには見えることがわかっています。

においの感受性ではヒトはイヌに遠くおよびません。ヒトにはわからないわずかなにおいの違いに、イヌはきわめて敏感に応答します。筆者の家にもイヌが5頭いますが、仕事の都合で、ほかのイヌと触れ合って帰宅したときには、「ふんふん、くんくん」と集中砲火を浴びます。おそらくサルやハトやネズミなどのいろんなにおいをつけて帰宅している私には慣れっこになっているのだろうと思いますが、ことそのにおいがイヌになった瞬間、浮気チェックよろしく徹底的に調べられるのです。警察犬のように、訓練すれば、犯人の逃走経路を何時間も経ってから嗅ぎ当てられるようになります。麻薬探知犬も、厳重に梱包された薬物をスーツケースの外から見つけることができます（図7-16）。聴覚面でもイヌはヒトよりはるかに感度が高いだけでなく、超音波も聞き取れます。これを利用した犬笛というのがイヌの訓練に昔から利用されています。

コウモリは超音波を発射して、その反射のようすから、小さな物体の存在を感知し、採食や障害物の回避に役立てています。「エコーロケーション」と呼ばれるこの能力は、イルカの得意技でもあります。ハンドウイルカは「クリック音」と呼ばれる断続音を発射して、その反射音から、物体の大きさやかたちだけではなく、表面の硬さや材質などの情報すら知ることができます。

エレファントノーズなどの弱電魚は電場を発して環境を知ります。アメンボやクモは振動を使ってコミュニケーションします。アフリカゾウには低周波の地面の振動を感知するしくみが備わっていて、何キロも離れたところの情報を手にすることができます。ほかにも、ヒトには想像もつかない手段で環境情報を手に入れ、コミュニケーションをする動物がいるかもしれないのです

いやいや、総合得点をつければ、やっぱりヒトが一番賢い、そう思う人もいるでしょう。でも、考えてみてください。総合得点って、どうしてつければいいのでしょう？　ヒトは視覚的な動物なので、視覚を用いた情報処理は得意分野です。視覚情報の処理を重視すれば、ヒトが一番になれるかもしれません。でも嗅覚情報の処理を重視したとしたら、ヒトはイヌにかなわないのではない

図7-16
鋭い嗅覚を発揮する麻薬探知犬

でしょうか。嗅覚は「原始的な」感覚だから、軽く見てもいい、などと考えてはいけません。においによるコミュニケーションにはほかの感覚にはない特徴があります。それは発信者がいなくても、情報が伝わるということです。それぞれの感覚情報にはその特徴があって、動物は自身の生きかたを全うするために、それらの特徴を利用しているのです。ヒトが重視しないからといって、それに与える「配点」を少なくしたとしたら、それはあまりにも身勝手だと思いませんか。得意技に大きな「配点」を与えれば、誰だって勝てます。「配点」を変えれば順位は変わります。活躍していたスポーツ選手が、採点ルールが変わると勝てなくなるのと同じですね。

●心の多様性

結局「頭のよさ」などというものは、こんなふうに相対的なものでしかありません。それぞれの動物は、それぞれの動物にあった「頭のよさ」、「心の働き」をもっているのです。それらの間には違いはあっても順位はありません。ヒトの「心」は動物種の数だけある多様な「心」の1つにすぎないのです。

それでもなおかつ、ヒトの「心」はほかの動物のそれとは違う独自のものだ、と主張する人がいるかもしれません。でもそういういいかたをするのなら、イヌの「心」もネコの「心」も、同じようにほかの動物とは違う独自のものだといえるのではないでしょうか。

それでもヒトは一番だというのであれば、ヒトはそれに見合った地球生態系への貢献をしなければならないのではないでしょうか。いままでヒトがしてきたことは、その自負に合致しているでしょうか。

地球にはたくさんの生き物がいます。それらはみな、地球の生態系を構成する仲間であり、ヒトの友だちなのです。ヒトのエゴのために、大切な友だちを犠牲にしてもいいものでしょうか。「最高の知性」を自負するのであれば、それを大いに発揮して、地球生態系全体に目を配る大きな視点をもって、幸福な未来をつくっていきたいものです（図7-17）。

図7-17

7-10 心の働きって、結局どうして決まるの?

●京都大学文学研究科　藤田和生

心の働きは、体の大きさやかたち、しくみなどと同じように、40億年近い生き物の進化の産物です。進化は、祖先から受け継いだ資産を、少しずつ改良していく方法でしか進まないので、私たちの体や心には、過去の遺物がぎっしり詰まっています。

新しい機械を設計するときには、最もうまく動作するであろうしくみを、ゼロからつくり上げることができますが、進化はそういうわけにはいきません。たとえていえば、古くなったポンコツ車に、でたらめに何かをつけ足したり削ったりしているうちに、たまたま速く走れるようになってうまくいったというような、きわめつきのいい加減な改良しかできないのです。腕利きの整備士なんてどこにもいません。これが自然選択あるいは自然淘汰といわれている過程です。

現代社会で大きな問題になっている肥満や成人病は、甘いものや脂っこいものを食べすぎることがその一因になっています。そんなことは先刻承知だけど、やっぱり甘いケーキや焼き肉はやめられない。おいしいものはおいしい。ダイエットは明日から、なんて……。ああ、またやってしまった。わかってるのになあ……。

困ったものですね。なぜわかっていながら体に悪い食生活を送ってしまうのでしょう?

●過去を引きずる私たちの体

その理由は、人類の進化の過程にあると考えられます。現代、いわゆる先進地域に住んでいる人たちはあり余る食べ物に恵まれていますが、人類の進化史には、おそらくこれほどの飽食の時代はなかったでしょう。人類は常に飢えていて、日々の糧を手に入れるため、知力体力をふり絞って毎日を乗り切ってきたはずです。甘いものや脂っこいものは、たくさんのカロリーを含んでいます。これを「おいしい」と感じることは、必要なカロリーを効率よく摂取するために、とても役に立ったはずです。つまり、飢餓の時代を生き延びるために自然選択された、甘いものや脂っこいものを好んで食べるという行動傾向が、この飽食の時代に仇となっているのでしょう。

私たちの体や心は、こんなふうに、過去の遺物を引きずってつくり上げられています(図7-18)。つまり祖先のもっていた形質を引き継いでつくられているのです。これを「系統発生的制約」といいます。系統発生というのは生物が枝分かれしてきた進化の道筋のことです。すべての生物は、この制約のもとでつくり上げられているのです。動物の心の働きも、もちろん私たちヒトの心の働きも、例外ではありません。これが心の働きを決める1つの重要な要因です。

もう1つの要因は、生きていくための必要性です。どのような生きかたをするかによって、必要な心の働きは変わります。ヒトは複雑な社会をつくって生活しています。他者と協力し合い、ときにはだまし合い、同盟を結び、集団でことに対処します。頭をフル回転させなければ生き抜いていけません。あまつさえ、現代の私たちは高度情報化社会のなかで生きていて、あふれかえるほどの情報を効率よく処理しなければなりません。つまり、ヒトがヒトとして生きるためには、高度に発達した知性の働きが必要です。

●何が大切かはそれぞれ異なる

けれども、それはすべての動物に当てはまるわけではありません。脳は、エネルギーを大量に消費する器官で、これを維持するには栄養価の高い食物をそれだけたくさん摂らなければなりません。脳は小さいほうが生きるうえでは

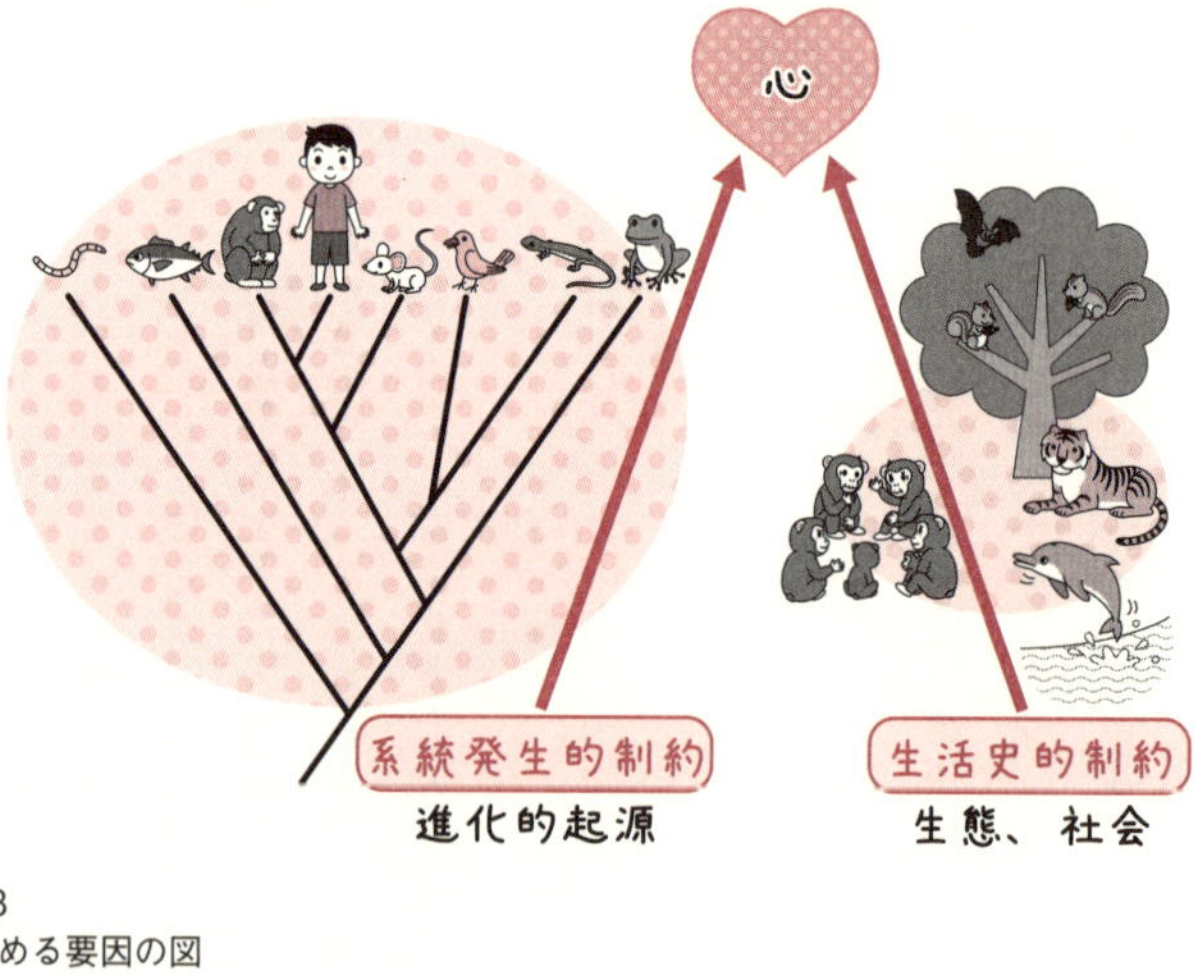

図7-18
心を決める要因の図

楽なのです。常に同じ植物に卵を産み、幼虫が同じ植物を食べて育つチョウのような生きかたをするなら、高度に発達した知性など、重荷でしかありません。

鳥類はよく発達した神経系をもち、本書にも紹介されているように、驚くほどの複雑な作業をこなす知性をもっています。鳥類は脊椎動物のなかで最も成功したグループの1つです。これほどの発展を遂げたのは、鳥類が空に進出したからにほかなりません。しかし、この企ては鳥類の脳に大きなしばりをかけてしまいました。空を自由に飛ぶためには、哺乳類のように脳を大きくすることはできないのです。そのため鳥類は、哺乳類とは大きく異なる構造をもつ脳をつくり上げ、必要な作業に特化した、無駄のない知性を進化させてきました。

どのような脳をもつか、そこにどのような心の働きを埋め込むべきかは、生きかたによって大きく変わります。職業によって、必要とされる知性や感情の働きが違ってくるのと同じように、進化では、その生きかたに適応した心の働きが、自然選択によってできあがっていくのです。これを「生活史的制約」といいます。

動物たちの心の働きは、いま述べてきた2つの制約――系統発生的制約と生活史的制約――で基本的に決められています。祖先から受け継いだ形質を、現在の自分たちの生きかたに合うように、少しずつつくり変えていく、これが心の進化なのです。最初に述べたように、進化にはあらかじめ定められた方向性はありません。設計者はいないのです。ヒトの心はヒトの心に向かって常に向上してきたのではありません。そのときどきの環境からもたらされた問題を、その場その場で解決してきた結果が、現在のヒトの心の働きなのです。心の働きは、１つ１つの小さな問題の、その場しのぎの解決策を寄せ集めたパッチワークのようなものなのです（図７-19）。

図7-19
心は、その場しのぎの解決策のパッチワーク

さくいん

●**澤 幸祐**（さわこうすけ）

1973年大阪府生まれ。大阪大学卒業。博士（心理学）。玉川大学COE助手を経て、現在、専修大学人間科学部心理学科教授。連合学習理論について研究をおこなっている。著書に『学習心理学における古典的条件づけの理論 パブロフから連合学習研究の最先端まで』（分担執筆、培風館）など。

●**島田将喜**（しまだまさき）

1973年生まれ。京都大学理学部卒業。博士（理学）。日本学術振興会特別研究員を経て、現在帝京科学大学アニマルサイエンス学科講師。野生ニホンザル・チンパンジーを対象とした長期フィールドワークに基づく遊びの研究を継続中。著書に『遊びの人類学』（分担執筆、昭和堂）がある。

●**関 義正**（せきよしまさ）

1971年東京生まれ。千葉大学卒業。博士（理学）。米国メリーランド大学、理化学研究所などの研究員、東京大学大学院進化認知科学研究センター助教を経て、現在、愛知大学文学部准教授。専門は比較生理心理学。発声模倣をおこなう鳥類を用いて研究をおこなっている。

●**谷内 通**（たにうちとおる）

1970年新潟県生まれ。金沢大学社会環境科学研究科修了。博士（学術）。日本学術振興会特別研究員などを経て、現在、金沢大学人間社会学域人文学類准教授。専門は学習心理学・比較心理学。ラットの系列学習・概念学習のほかリクガメやイモリの実験も進めている。

●**友永雅己**（ともながまさき）

1964年大阪生まれ。大阪大学人間科学研究科修了。博士（理学）。現在、京都大学霊長類研究所准教授。専門は比較認知科学。チンパンジーなどの視覚認知や社会的認知の研究をおこなっている。著書に『講座コミュニケーションの認知科学 第3巻』（共同執筆、岩波書店）、『Cognitive development in chimpanzees』（編著、Springer）がある。

●**畑 敏道**（はたとしみち）

1972年大阪府生まれ。同志社大学卒業。博士（心理学）。浜松医科大学医学部教務員、同志社大学文学部准教授を経て、現在、同志社大学心理学部教授。動物の時間認知の神経機構について研究中。編著に『心理学概論・第2版』（ナカニシヤ出版）がある。

●**宮田裕光**（みやたひろみつ）

1981年奈良県生まれ。京都大学大学院文学研究科博士後期課程修了。博士（文学）。日本学術振興会特別研究員、科学技術振興機構ERATO研究員、青山学院大学助教を経て、2014年4月より東京大学大学院総合教育研究センター准教授。専門は実験心理学・比較認知科学。

●**茂木一孝**（もぎかずたか）

1972年生まれ。栃木県出身。東京大学農学生命科学研究科修了。獣医師。博士（獣医学）。現在、麻布大学獣医学部准教授。専門は神経行動学。マウスやイヌのコミュニケーション能力や社会的行動、またそれらが母子関係によってどのように発達するのかについて研究している。

●**脇田真清**（わきたますみ）

1966年愛知県生まれ。慶應義塾大学卒業。博士（心理学）。大阪大学医学部認知脳科学講座助手を経て、現在、京都大学霊長類研究所助教。専門はブローカ野の機能に関する比較神経科学。著書に『新しい霊長類学』（分担執筆、講談社ブルーバックス）など。

【執筆者プロフィール】

藤田和生（ふじたかずお）

1953年大阪府生まれ。京都大学大学院修了。理学博士。同霊長類研究所助手などを経て、現在、京都大学文学研究科教授。日本動物心理学会理事長。専門は比較認知科学。サルやハトやイヌなどを対象に、心の進化を研究している。著書に『比較認知科学への招待』（ナカニシヤ出版）、『感情科学』『動物たちのゆたかな心』（以上京都大学学術出版会）、『比較行動学』（放送大学）など。

（50音順）

●**青山謙二郎**（あおやまけんじろう）

1968年大阪府生まれ。同志社大学卒業。博士（心理学）。米国ワシントン州立大学客員研究員などを経て、現在、同志社大学心理学部教授。人間とラットを対象に動機づけ行動を行動分析学的に研究している。主著に『食べる ―食べたくなる心のしくみ―』（二瓶社）など。

●**足立幾磨**（あだちいくま）

1978年奈良県生まれ。京都大学卒業。博士（文学）。日本学術振興会海外特別研究員（米国国立ヤーキス霊長類研究所）を経て、現在、京都大学霊長類研究所助教。ヒト以外の動物がどのように社会的対象を認知するのか、また多感覚情報を統合するのかに興味をもち研究をしている。

●**井垣竹晴**（いがきたけはる）

1996年慶應義塾大学文学部卒。博士（心理学）。現在、流通経済大学流通情報学部准教授。専攻分野は、行動分析学、学習心理学。主要業績に、「変化抵抗をめぐる諸研究」（心理学評論, 2003, 46）など。

●**牛谷智一**（うしたにともかず）

1977年生まれ。神戸市出身。京都大学文学研究科修了。博士（文学）。現在、千葉大学文学部准教授。主として、鳥類・哺乳類・昆虫の視覚認知、空間認知の実験的研究を通し、それら認知機能の進化を探っている。著書として『心理学研究法4 発達』（分担執筆、誠信書房）など。

●**大芝宣昭**（おおしばのぶあき）

1968年生まれ。兵庫県出身。大阪大学大学院人間科学研究科博士後期課程修了。博士（人間科学）。大阪大学助手を経て、現在、梅花女子大学心理こども学部心理学科准教授。専門は比較認知心理学。主著に『こころを観る・識る・支えるための28章』（分担執筆、ナカニシヤ出版）。

●**後藤和宏**（ごとうかずひろ）

1976年愛知県生まれ。英国エクセター大学博士課程修了。Ph. D. (Psychology)。米国ネブラスカ大学リンカーン校研究員、日本学術振興会特別研究員（PD）などを経て、現在、相模女子大学人間社会学部専任講師。視覚に関する比較研究が主なテーマ。

●**佐伯大輔**（さえきだいすけ）

1973年京都府生まれ。岡山大学卒業。博士（文学）。現在、大阪市立大学大学院文学研究科准教授。専門は学習心理学。主にヒトを含めた動物の意思決定・選択行動を研究しており、研究室ではハトを飼育している。著書に『価値割引の心理学』（昭和堂）がある。

監修団体紹介

日本動物心理学会（にほんどうぶつしんりがっかい）

動物の心と行動に関する学問を研究する研究者が集う。昭和8年（1933年）6月8日に発足し、現在は約400名の会員から構成される。会誌『動物心理学研究』の刊行（年2回）などを通して、会員相互の情報交換や世界への情報発信をおこなっている。

知りたい！サイエンス

動物《どうぶつ》たちは何《なに》を考《かんが》えている？

―― 動物心理学《どうぶつしんりがく》の挑戦《ちょうせん》 ――

2015年５月15日　初版　第1刷発行

監　修　日本動物心理学会
編著者　藤田和生
発行者　片岡　巌
発行所　株式会社技術評論社
東京都新宿区市谷左内町21-13
電話　03-3513-6150　販売促進部
03-3267-2270　書籍編集部
印刷／製本　港北出版印刷株式会社

●装丁
中村友和（ROVARIS）
●制作
株式会社森の印刷屋
●イラスト
おたざわゆみ
●編集
山田智子
●編集協力
田村里佳

定価はカバーに表示してあります。

ISBN978-4-7741-7258-3　C3045
Printed in Japan